ダメな統計学

悲惨なほど完全なる手引書

アレックス・ラインハート　西原 史暁 [訳]

勁草書房

STATISTICS DONE WRONG by Alex Reinhart.
Copyright © 2015 by Alex Reinhart.

Title of English-language original: Statistics Done Wrong,
ISBN 978-1-59327-620-1, published by No Starch Press.
Japanese-language edition copyright © 2017 by Keiso Shobo.
All rights reserved.

Japanese translation published by arrangement with No Starch Press, Inc.
through The English Agency (Japan) Ltd.

The xkcd cartoon by Randall Munroe is available under
the Creative Commons Attribution-NonCommercial 2.5 License.

ダメな統計学
悲惨なほど完全なる手引書

アレックス・ラインハート〔著〕　西原史暁〔訳〕

最初の原則は，自分自身をあざむいてはならないということです。そして，自分自身こそが最もあざむきやすい人間なのです*1。

　　　　　　　　　　　　　　　　　　　　　——リチャード・P・ファインマン

　実験の後に統計学者に相談することは，しばしば単に検死を頼むようなものになります。何によって実験が死んだのかについて，その統計学者は語ることができるかもしれません*2。

　　　　　　　　　　　　　　　　　　　　　　　　——R・A・フィッシャー

---

*1　訳注：1974年のカリフォルニア工科大学の卒業式でファインマンが式辞として述べた一節。この言葉の後には，「ですから，このことにとても気をつけなくてはなりません。自分自身をあざむかなくなった後は，他の科学者をあざむかないようにするのは簡単です」という言葉が続く。リチャード・フィリップス・ファインマン（Richard Phillips Feynman, 1918-1988）は米国の物理学者で，1965年に量子電磁力学に関する業績でノーベル物理学賞を受賞した。

*2　訳注：1938年の第1回インド統計会議でフィッシャーが述べた挨拶。ロナルド・エイルマー・フィッシャー（Ronald Aylmer Fisher, 1890-1962）は英国の統計学者で，現代の統計学の基礎を打ち立てた人物として最も重要な人物の1人。

筆者について

　アレックス・ラインハートは統計学の講師で，カーネギーメロン大学の博士課程の学生である。テキサス大学オースティン校で物理の領域で理学士を取得し，今は，物理と統計を用いて，放射性機器の配置について研究している。

目　次

序　言 ……………………………………………………………………… vii
　　謝　辞 ………………………………………………………………… x
はじめに …………………………………………………………………… 1

第 1 章　統計的有意性入門　　7
　1.1　p 値の力 ………………………………………………………… 7
　　　1.1.1　超能力を持つ統計 ………………………………………… 10
　　　1.1.2　ネイマン＝ピアソン流の検定 …………………………… 12
　1.2　信頼を区間に対していだけ …………………………………… 14

第 2 章　検定力と検定力の足りない統計　　19
　2.1　検定力曲線 ……………………………………………………… 19
　2.2　検定力が足りない危険性 ……………………………………… 23
　　　2.2.1　検定力が足りなくなるわけ ……………………………… 26
　　　2.2.2　赤信号での誤った方向転換 ……………………………… 27
　2.3　信頼区間と権限強化 …………………………………………… 29
　2.4　事実の誇張 ……………………………………………………… 31
　　　2.4.1　小さな極端なもの ………………………………………… 34

第 3 章　擬似反復：データを賢く選べ　　39
　3.1　実際に行われている擬似反復 ………………………………… 40
　3.2　擬似反復への申し開き ………………………………………… 42

3.3	バッチ生物学	43
3.4	同期する擬似反復	45

第4章　p値と基準率の誤り　49

4.1	基準率の誤り	50
	4.1.1　ちょっとしたクイズ	52
	4.1.2　医療検査における基準率の誤り	52
	4.1.3　喫煙統計でウソをつく法	54
	4.1.4　基準率の誤りに対して武器を取る	57
4.2	最初に成功しなかったら，もう一度，もう一度	60
4.3	脳イメージングでの燻製ニシン	64
4.4	偽発見率の統制	66

第5章　有意性に関する間違った判断　69

5.1	有意性の有意でない違い	69
5.2	有意性のためのいやらしい目つき	74

第6章　データの二度づけ　79

6.1	循環分析	80
6.2	平均への回帰	83
6.3	停止規則	86

第7章　連続性の誤り　91

7.1	不必要な二分法	92
7.2	統計上の灯火管制	94
7.3	交絡した交絡	95

第8章　モデルの乱用　99

8.1	データをスイカに当てはめる	100
8.2	相関と因果	105

8.3　シンプソンのパラドックス 106

第9章　研究者の自由：好ましい雰囲気？　111
9.1　わずかな自由は大けがのもと 113
9.2　偏りを避ける 116

第10章　誰もが間違える　121
10.1　再現不可能な遺伝学 122
10.2　再現可能性を簡単に 124
10.3　実験して，すすいで，繰り返す 128

第11章　データを隠すこと　131
11.1　監禁されたデータ 132
　　11.1.1　共有への障害 133
　　11.1.2　朽ち果てるデータ 135
11.2　詳細は省略しておけ 138
　　11.2.1　既知の未知 138
　　11.2.2　結果報告の偏り 139
11.3　書類棚の中の科学 142
　　11.3.1　公刊されない臨床試験 143
　　11.3.2　報告の偏りの検出 145
　　11.3.3　強制的開示 146

第12章　何ができるだろうか　149
12.1　統計教育 152
12.2　学術出版 155
12.3　あなたがすべきこと 159

参考文献　163
索　引　179

序　言

　数年前，私はテキサス大学オースティン校の物理学専攻の学部生だった。私はゼミに参加していて，どの学生もすることになっていた25分間のプレゼンテーションのために，トピックを選ぼうとしていた。「陰謀論についての何かを」と，私はブレント・アイバーソン博士に伝えた。しかし，博士はこの答えに満足しなかった。博士が言うには，トピックが広すぎるとのことだった。魅力的なプレゼンテーションは，焦点を絞って詳しくする必要があるというのだ。私は自分の前にあった推奨トピックが書いてある紙をよく読んだ。「科学に関する不正と悪用はどうかな」と博士がたずね，私はそれにうなずいた。

　今にして思えば，科学に関する不正と悪用がどう陰謀論より狭いトピックなのか分からないのだが，当時は気にならなかった。少々とりつかれたかのようになった数時間の調査を経て，科学に関する不正はすごくおもしろい問題ではないことに気づいた。少なくとも，科学者が意図せずに犯している誤りとは比べものにならなかった。

　悲惨なほど統計について論じる能力が足りなかったにもかかわらず，科学者によって日常的に行われている統計に関する多くの誤りについて報告した研究論文を結構見つけ出すことができた。そうした論文を読んで，要約した上で，アイバーソン博士を満足させるプレゼンテーションを作りあげた。そして，私は，将来の科学者として（そして今は自称統計評論家として）統計の授業をとるべきだと決心した。

　2年の歳月と2つの統計の授業を経て，私はカーネギーメロン大学の統計学の大学院生となった。今でも私はダメな統計学をしてしまう方法を見つけることに，とりつかれたような喜びを覚える。

この『ダメな統計学』は，科学の名において日常的に行われているとんでもない統計の誤謬への手引書だ。この本は，統計の正式な訓練を受けていない人でも読めるようにしてある。多くの科学者は統計に関する正式な訓練を受けていないし，また読者を統計の手ほどきを受けた人に限定したくないからだ。たぶん最初の章を飛ばしてしまう読者もいるだろうが，私の説明スタイルに慣れてもらうためにも，拾い読みだけでもしてほしい。

　私の目的は，単に，よくある誤りの名前を教えたり，笑い飛ばす事例を提供したりするというものではない。できるだけ数学の詳細を書くことを避けつつ，統計に関する誤りが・な・ぜ誤りなのかを説明し，こうした誤りのほとんどがどれほどありふれたものなのかを示した調査を含めるようにした。このことによって，読むのに労力を要するようになったが，この深みにはそうする価値があると思う。統計の基礎をしっかり理解することは，科学にたずさわるどの人間にも必要不可欠だ。

　日常業務で統計分析を実施する人のために，ほとんどの章の終わりに「ヒント」を載せておいた。これは，よくある落とし穴にはまらないようにするために使えるかもしれない統計的手法について説明したものだ。しかし，この本は教科書ではないので，こうした手法をどう使うかについての技術的詳細については示さない。私が期待しているのは，最もありふれた問題に気づき，自分の問題に最も適した統計的手法を選べるようになることだけだ。

　読者が何らかのトピックに興味を持ったときのために，網羅的な文献一覧を含めるようにし，どの統計に関する誤解についても参考文献を挙げるようにしておいた。また，この手引書では，概念の理解を重視し，数学についてはかなりの部分を割愛した。より厳密な扱いをお好みならば，元論文を読むことをおすすめする。

　読者がこの本を読みはじめる前に，注意しておきたいことがある。それは，他のほとんどの人が理解していないことを理解したときは，それを示す機会があれば必ずその機会を見いだしたくなるということだ。この本が奇跡的に『ニューヨークタイムズ』のベストセラーリストに載ったとしたら，ポール・グレアム[*3]の言う「半可通の却下」[*4]が一般向けのどの科学ニュースに対しても見られるようになることが予想される。安楽椅子に座った統計学者[*5]は，

科学研究の興味深い部分を理解することに時間を費やすのではなく,ニュース記事をねらいうちにする。ニュース記事に載っている研究に関する記述は,余計なやる気がある大学の報道発表をそのまま載せただけのあいまいなものに過ぎないのだが,こうした人たちは,研究の統計に関する枠組みを批判するために,こうしたあいまいな記述をあげつらうのだ*6。

こうしたことは,科学ニュースについて議論するウェブサイトのほとんどですでに起きている。そして,私は,この本がそれを正当化するために用いられるのを見て,延々と苦しむことになるだろう。ニュース記事に対する最初のコメントは,いつも「この変数を統制しなかった」とか「標本の大きさが小さすぎる」といった不満を述べるものだ。こうしたコメントをする人は,10回のうち9回において,研究論文をまったく読んでおらず,論文の第3段落でコメントにある不満に関して検討がなされていることを知らない。

これは馬鹿げている。統計に関して少々の知識があることは,現代科学のすべてを拒絶する言い訳にはならない。研究論文の統計的手法は,論文の手法の統計以外の部分――研究計画・測定技法・コスト制限・目的――の文脈にのっとって詳しく見ることによってのみ判断することができる。統計の知識は,研

---

*3 訳注:ポール・グレアム(Paul Graham, 1964-)は,米国のプログラマーで,エッセイスト。

*4 訳注:半可通の却下(middlebrow dismissal)とは,新しい情報に対して,中途半端な知識を持つ人が否定的なコメントを述べることを指す。例えば,新しい決済手段が開発されたというニュースに対して,「どうせクレジットカードの番号が流出するね」とか,「は? 個人情報を抜き取りたいだけだろ」といったコメントを述べるようなものだ。こうしたコメントは,注目を浴びることも少なくないが,何ら知的貢献を果たしていない。

*5 訳注:推理小説の中には,自ら現場におもむいて証拠を集めるのではなく,他人が集めた証拠を使って推理をする安楽椅子探偵(armchair detective)というタイプのキャラクターがいることがある。「安楽椅子に座った統計学者」は,これをもじった表現だ。統計分析に当たっては,他人が集めたデータを使うこともあるが,他人のデータには往々にして穴がある。しっかりとした分析をしたければ,時には安楽椅子から離れ,自ら追加のデータを集めに行くことが重要になる。

*6 原注:ついでに言えば,このことは陰謀論が非常に人気がある理由だと思う。「政府は我々を害そうとしている!」といったことのように,他の人が誰も知らないことを自分は知っている,と信じてしまえば,その知識をひけらかす機会があればいつでもそうするようになる。ついには,すべてのニュースに対して,政府によって改竄されていると反応することになるだろう。同じようなことを統計の誤りでしないでほしい。

究の強み，限界，そして偏りの可能性をより良く理解するために使おう。p値を間違って使っていたり，自分の個人的な信念と違っていたりするように見える論文を否定するために統計の知識を用いるべきではない。また，貧弱な統計によって支えられた結論だったとしても，正しい可能性があることを覚えておこう。統計的な誤りや論理的な誤りがあっても，結論がダメになるわけではない。単に結論を支えるものがなくなるだけだ。

要するに，責任をもって統計を使ってほしいということだ。私としては，誰もが依存する科学を向上させるという冒険に読者が加わってくれることを期待している。

謝　辞

私の統計学キャリアの始まりとなった統計の授業を担当して私がこの本を書くのに必要な背景知識を与えてくれたジェイムズ・スコットに，ジェイムズの課題をぐんとおもしろくしてくれたレイ・アレンに，私の原稿に計りしれない価値のフィードバックと提案をしてくれたマシュー・ワトソンとモリエル・ショットレンダーに，提案とフィードバックをくれた私の両親に，そのゼミが統計の乱用に関して私が学ぶきっかけとなったブレント・アイバーソン博士に，そしてルールをぶち壊すことで私に書く理由を提供してくれたすべての科学者と統計学者に感謝したい。

カーネギーメロンでの友人は，たくさんのアイディアを提供し，たくさんの質問に答えてくれただけでなく，私が何か新しい統計に関する誤りを説明しようとするたびにいつも辛抱強く聞いてくれた。先生方，特にチン・レイ（雷径），ヴァレリー・ヴェントゥーラ，ハワード・セルトマンといった先生方のおかげで，私は必要な知識を身につけられた。技術的な面での校閲者として，ハワードはいくつかの恥ずかしい誤りを指摘してくれた。もし誤りが残っていたとしたら，それは私の責任だ。だけれども，それはこの本のタイトルと単に足並みをそろえているだけだと言うだろう。

ノー・スターチ*7の担当編集者は原稿を劇的に改善してくれた。グレッグ・パウロスは注意深く最初の方の各章を読み，個々の概念を理解するまで満

足することがなかった。レスリー・シェンは最後の方の章での私の議論に磨きをかけてくれた。そして，チーム全体が工程を驚くほど簡単にしてくれた。

　この手引書がオンラインで手に入るようになってから，助言やコメントを私にEメールでくれた多くの人たちにも感謝しなくてはならない。順不同で，アクセル・ボルト，エリック・フランゾーサ，ロバート・オシェイ，ユーリ・ブラーム，ディーン・ローワン，ジェシー・ワインスタイン，ピーター・ホザク，クリス・ソープ，デイヴィッド・ラヴェル，ハーヴィー・チャップマン，ナサニエル・グレアム，ショーン・ガラハー，サラ・アルスポー，ジョーダン・マーシュ，ネイサン・グウェンス，アリエン・ノルツィ，ケヴィン・ピント，エリザベス・ページ＝グールド，デイヴィッド・マーフィールドに感謝する。彼らのコメントがなければ，私の説明は間違いなくあまり完全なものにはならなかっただろう。

　読者もこの一覧に加わることができるかもしれない。私としてはできるかぎり努力したのだが，この手引書に誤りや欠落が含まれていることは避けられないだろう。もし，誤りを見つけたり，質問があったり，私が見逃したよくある誤謬を知っていたら，私の alex@refsmmat.com に E メールを送ってほしい。正誤表やアップデートがあれば，http://www.statisticsdonewrong.com/ にて公開される予定だ*8。

＊7　訳注：ノー・スターチ・プレス（No Starch Press）は，この本の原書を出した米国の出版社で，コンピューター技術関係の書籍を多く出している。

＊8　訳注：原書の正誤表は，この序言での記述とは異なり，ノー・スターチ・プレスのウェブサイトに載っている。なお，この日本語版では，2016年12月18日までに原書の正誤表に挙げられた誤りをすべて修正してある。

はじめに

　ダレル・ハフはその有名な著書『統計でウソをつく法』*¹ の最後の章で,「医療の専門家に関わるもの」や科学研究室・大学によって裏づけられたものには信じる価値があると述べている。無条件に信頼を置くのではなく,メディアや政治家よりもきっと信頼が置けるだろうということだ(何しろ,ハフの本は,政治やメディアで用いられるまぎらわしい統計的なまやかしで埋め尽くされているのだ)。だが,訓練された科学者による統計に文句をつける人はほとんどいない。科学者は,政敵に対して用いるような攻撃手段ではなくて,知性を追い求めるものだ。

　統計的データ分析は科学の基礎だ。気に入った医学誌の中からランダムに1ページを開けば,t 検定,p 値,比例ハザードモデル,傾向スコア,ロジスティック回帰,最小二乗当てはめ,信頼区間といった統計に圧倒されるだろう。統計学者は,最も複雑なデータセットの中から秩序と意味を見いだすという巨大な力を持つ道具立てを科学者に提供し,科学者は,大喜びでこうした道具立てを受け入れてきた。

　しかし,科学者は,統計教育を受け入れてこなかった。そして,科学に関する大学学部課程の多くで,統計の訓練はまったく求められていない。

---

*1　訳注:ダレル・ハフ(Darrell Huff, 1913-2001) は米国の著述家・ジャーナリスト。統計の専門家というわけではなかったが,その著書『統計でウソをつく法』(*How to Lie with Statistics*) は英語版だけで 50 万冊以上売れた[9]。

1980年代以降，研究者は，評判の高い査読*2付きの科学文献に，多数の統計に関する誤謬と誤解があることを示してきた．また，多くの科学論文——半分以上かもしれない——がこうした誤りにはまっていることを見いだしてきた．多くの研究が，検定力の不足によって，探求しようとしていることが発見できなくなっている．多重比較とp値の解釈の誤りによって，多数の偽陽性が引き起こされている．融通無碍なデータ分析によって，何も存在しないところに相関関係を発見することが簡単になってしまっている．そして，不適切なモデルを選ぶことによって，重要な結果が歪んでいる*3．ほとんどの誤りは，特別な統計の訓練を受けていないことが多い査読者や編集者によって見逃されている．投稿を吟味する統計学者を雇う学術誌はほとんどないし，正確に評価するために必要な統計の詳細を十分に書いている論文はほとんどないからだ．

問題は不正が行われていることではない．問題は貧弱な統計教育だ．これは，研究上の発見で公刊されたもののほとんどが誤っているかもしれないと一部の科学者が結論づけるのに十分なほど，貧弱なのだ[1]．一流の学術誌には，論評記事や編集者からの論説が定期的に出ていて，統計に関する基準をより高いものにし，さらに精査するように求めている．だが，こうした懇願に応じている科学者はほとんどおらず，学術誌が定めた標準はしばしば無視される．そして，統計に関するアドバイスは，統計の教科書——これは誤解を招くことがしばしばある——だけでなく，さまざまな学術誌における論評記事や科学者には理解しにくい論文にまき散らされている．このため，ほとんどの科学者は，統計の実践を簡単に改善できないのだ．

現代の研究の方法論が複雑であることは，統計の幅広い訓練を受けていない科学者が，自らの専門分野で公表された研究のほとんどを理解できない可能性があるという事態をもたらす．例として，医学分野を見てみよう．標準的な統

---

*2 訳注：科学者が学術誌に論文を載せようとして，学術誌の担当者に論文を送りつけたとしても，すぐにその論文が掲載されるわけではない．学術誌側は，掲載を決める前に，論文が学問的な意味で問題がないかを調べる．このことを査読（peer review）という．査読で問題がないと判断されてはじめて論文として学術誌に掲載され，公刊される．

*3 訳注：検定力の不足の問題は第2章に，多重比較とp値の解釈の問題は第4章に，融通無碍なデータ分析の問題は第9章に，不適切なモデルを選ぶことの問題は第8章に詳しい説明がある．

計の入門講義を1つしか受けていない医師の知識は，『ニュー・イングランド・ジャーナル・オブ・メデイシン』(New England Journal of Medicine) に掲載された研究論文のうち，およそ5分の1しか完全に理解できない程度のものだ[2]。ほとんどの医者はそれよりも受けている統計の訓練が少ない。多くの医学研修生[*4]は，必修科目として統計を学ぶのではなく，輪読会や短期講習で非公式に統計を学ぶ[3]。医学生に教えられている内容がしっかりと理解されないことはしばしばある。医学分野でよく使われている統計手法に関するテストに対する医学研修生の正答率は平均して50%以下だった[4]。研究に関する訓練を受けている医学校の教授陣ですら，正答率は75%に満たなかった。

状況は非常によろしくない。統計知識に関する調査を作成した人ですら，調査質問を練りあげるのに不可欠な統計知識を欠いているぐらいなのだ。このため，つい先ほど引用した数字も誤解を招くものになっている。というのも，医学研修生に対して実施された調査には，p値の定義を問うという多肢選択式問題で，4つの誤った定義しか選択肢にないという問題が含まれていたのだ[5]。ただ，多少は大目に見ることができるかもしれない。多くの統計の入門書も同様に，この基本的な概念の定義があやしかったり間違っていたりするからだ。

科学研究の計画を立てる人が十分に注意して統計を用いなければ，何年もの作業と何千ドルもの資金を費やして，答えようとした問題に答えられない可能性すらある。心理学者のポール・ミールは，以下のように不満を述べている。

> 一方では，科学の論理の考慮ということにひるまず，現代の統計的仮説検定の「正確さ」に喜々として頼るようなやる気に満ちあふれた研究者が，公刊された文献の長いリストを作り出し，教授に昇進していく。こうした人物は，長く残る心理学知識の根幹に対してほとんど貢献していない。こうした人物の本当の位置づけは，強力だが不毛な知的放蕩者に過ぎない。その浮かれた人生の道には，陵辱（りょうじょく）されたおとめたちが長い列を作っているが，科学

[*4] 訳注：米国では，医学校（medical school）で医学に関する基礎知識を学んだ後に，病院で医学研修生（medical resident）として実践的な研修を受けて，正式の医師になるのが通常のコースとなっている。日本の医学教育で言えば，研修医が比較的位置づけが近いものになるだろう。

に関して生き残った子どもはいないのだ[6]。

　知性が欠如しているとほとんどの科学者を非難するのは不公平かもしれない。ほとんどの学術分野は，p 値の誤った解釈以上のものにのっとって成立しているからだ。だが，こうした誤りは，現実世界に非常に大きな影響を及ぼしている。医学における臨床試験は，私たちの健康管理を左右するし，強力な新しい処方薬の安全性を決定する。犯罪学者は犯罪を減らすためのさまざまな方法を評価するし，疫学研究者は新しい疾病の速度をゆるめようとする。マーケティング担当者やビジネスマネージャーは商品を売る最善の方法を見つけようとする。こうしたことは，つまるところ，統計に行き着く。ダメな統計学，なのだ。

　何が良いか悪いかについて医者が決定しないということに不満を述べたことがある人は，誰でもこの問題の範囲を理解するだろう。私たちは，今や，何らかの食品や食事や運動が有害かもしれないと主張するニュース記事を拒否するような態度になっている。数か月後の必然的な第二の研究を待つだけの話だ。その研究は正反対の結果を示しているだろう。ある著名な疫学研究者は「私たちは急速に社会のやっかいものになっている。人々は，もはや私たちのことを真剣に取り合ってくれない。そして，人々が真剣に受け取ってくれるときは，私たちは，意図せず，有益なことより有害なことを多くなしているのかもしれない」と述べている[7]。私たちの勘は正しい。多くの分野で，最初に出てきた結果は後から出てきた結果と矛盾する。刺激的な結果を早く頻繁に公刊しようとする圧力の方が，追加の証拠で支持され，慎重に確かめられた結果を公刊しようとする責任よりも強いようなのだ。

　ただ，そんなに急いで判断しないようにしよう。いくつかの統計に関する誤りは，単に資金や資源が不足したことによって起こっている。1970 年代半ばに，ガソリンと時間を節約するために，米国で運転手に赤信号での右折を許すようにした運動について考えてみよう。このようにしても変更前に比べて衝突事故が増えることはないという証拠は，統計的におかしいものだった。そして，この後すぐに見るように*5，赤信号での右折を許すようになった結果，多くの人命が失われた。交通安全の研究者を妨げた唯一の要因は，データの不足だった。もし，より多くのデータを集め，より多くの研究を実施するための資

金があれば，そしてさまざまな州の独立した研究者の結果を比較対照する時間があれば，真実は明らかになっていただろう。

「無能で十分説明できることを悪意のせいにするな」というハンロンの剃刀の話がある一方で，「ウソ，くそったれなウソ，そして統計」式の結果で公刊されたものがある*6。製薬産業は，薬に効果がないことを示す研究を公刊しないことで証拠を歪ませる誘惑に特に駆られているように見える*7,8。後から文献を評価する人は，薬に効果がないことを示す公刊されなかった8個の研究を知らないままに，薬に効果があることを示す他の公刊された12個の研究を見つけて満足するだろう。もちろん，薬に効果がないとする研究はたとえ投稿されたとしても，査読付きの学術誌で公刊されることはないかもしれない。つまらない結果に対する強い偏見があるために，効果がなかったと述べる研究は決して公にならず，他の研究者がそれを見ることができない状況がもたらされるのだ。データが欠けていることと公刊の偏りは，重要な問題に関する認識を歪め，科学への災いとなっている。

正しく行われた統計ですら信じることができない。統計の手法や分析で使用可能なものが多すぎるため，研究者がかなり自由にデータを分析できるようになっている。そして，「データが吐くまで拷問する」ことはとても簡単だ。統計ソフトが提供しているさまざまな分析をどれかが興味深い結果を出すまで試し，そうした結果を出した分析こそが最初からやろうとしていた分析だったと

---

*5 訳注：第2.2.2節「赤信号での誤った方向転換」を参照のこと。
*6 訳注：「ウソ，くそったれなウソ，そして統計」という言葉は，統計で人をだますことを示した警句に由来している。この警句は，「ウソには3種類のものがある。ウソ，くそったれなウソ，そして統計だ」(There are three kinds of lies: lies, damned lies, and statistics) という形で用いられる。本文ではこの警句について触れることで，人をだますために統計を悪用した研究があることを示している。なお，この警句は一般には19世紀後半の英国の首相ベンジャミン・ディズレーリによるものだと知られているが，本当はディズレーリのものではないらしい。
*7 原注：製薬産業での統計に関する災いに興味がある読者は，ベン・ゴールドエーカーが書いた『悪の製薬』(*Bad Pharma* [Faber & Faber, 2012]) を楽しめるかもしれない。この本を読んで，私の血圧は統計的に有意な増加を見せた。
*8 訳注：『悪の製薬』は2015年に青土社より忠平美幸・増子久美による和訳が出版されている。

いつわるのだ。超能力なしに、ある公刊された結果が、データへの拷問で得られたものかどうかを判断することはほとんど不可能だ。

　理論があまり数量に基づくものでなく、実験の計画が難しく、手法があまり標準化されていないような柔らかい分野では、このような自由が付け加わることが顕著な偏りを引き起こす[8]。米国にいる研究者は、キャリアを進めるために、興味深い結果を生み出して公刊しなくてはならない。大学などの研究職で空いているものはわずかで、このわずかな数の職を求める競争は激しいものになっている。こうした競争があるために、科学者は統計的に有意でない結果を生み出すだけのデータを数か月あるいは数年かけて収集したり分析したりすることはできないのだ。こうした科学者は、悪意がなくても、データから許されるところより自分の仮説に都合が良い方向に誇張された結果を生み出す傾向がある。

　これからのページで、こうしたありふれた誤りとその他もろもろのことを紹介していきたい。誤りの多くは、公刊された大量の文献の中にはびこっている。何千もの論文について、その報告に疑いの目が向けられているのだ。

　近年、多くの人が統計の改革を呼びかけている。そして、当然、そうした人の中でも、問題対処の方法として何が一番良いかということについて、意見の相違がある。p値については、まぎらわしく混乱を招くことがしばしばあると説明する予定だが、これの使用を完全にやめるべきだと主張している人がいる。他には、信頼区間に基づく「新しい統計学」を提唱している人もいる*9。さらには、より解釈がしやすい結果を出す新しいベイズ的手法に切り替えるべきだと提案している人もいる。また、今教えられている統計で大丈夫だが、用いられ方が良くないと信じている人もいる。こうした立場はどれも見るべきところがある。私としてはどれか1つの立場を選び取って、この本で推奨するつもりはない。むしろ、私は、現役の科学者によって現在用いられている統計に着目している。

---

*9　訳注：「新しい統計学」(new statistics) を主張している人物として、ジェフ・カミングがいる。カミングは、心理学研究を念頭に、信頼区間を重視した統計分析をすべきだとしている[10]。

第 1 章　統計的有意性入門

　実験科学の多くは，つまるところ，違いを測定することに行き着く。例えば，ある薬は他のものよりよく効くか，ある種類の遺伝子を持つ細胞は他の種類の遺伝子を持つ細胞より酵素を多く合成するか，あるタイプの信号処理アルゴリズムは他のものよりパルサー*1 をよく検出できるか，ある触媒は化学反応をより効果的に加速するかといったたぐいの問題だ。

　統計は，こうしたたぐいの違いについて判断を下すために用いられる。ただし，運や偶然変動による何らかの違いを観測することは常にある。だから，統計学者は，運によってたやすく生じることがある違いよりも大きな違いがあるときに，統計的有意差があると述べる。だから，まずはこの判断をどうやって下すかについて学ばなければならない。

1.1　p 値の力

　かぜ薬を試験しているとしよう。試験対象の新薬を使うと，かぜの症状が続く期間が 1 日短くなる見こみがある。このことを証明するために，かぜをひいた患者を 20 人見つけ，その半数に新薬を，残りの半数に偽薬*2 を与えるとし

---

*1　訳注：パルサー（pulser）は，短い周期で電波や X 線を発する天体のことを指す。
*2　訳注：偽薬（placebo）とは，見た目こそ普通の薬のようだが，実際には薬としての効果がまったくないもののことを指す。なお，偽薬を患者に与える場合，普通は薬としての効果がないとは言わないでおく。

よう。そして，かぜの長さを調べ，新薬の使用の有無によってかぜの長さの平均がどうなるのかについて明らかにするとしよう。

だが，すべてのかぜが同じというわけではない。平均的なかぜは 1 週間続くかもしれないが，数日しか続かないかぜもあるだろう。また，2 週間かそれ以上続くかぜもあるだろう。本物の薬が与えられた 10 人の患者グループ全員がとても短いかぜにかかっていたということもありえる。どうすれば，単に運の良い患者がいただけだったと示すのではなく，薬が機能すると示せるだろうか。

統計的仮説検定がこの問題に答えてくれる。もし，典型的なかぜの症例の分布——短いかぜにかかる患者がどれくらいか，長いかぜにかかる患者がどれくらいか，平均的な長さのかぜにかかる患者がどれくらいかという大まかな情報——を知っていれば，ランダムに抽出された患者の標本で，全員が平均より長い，あるいは平均より短いかぜにかかることがどれだけありそうかについて判断できる。**仮説検定**（hypothesis test，**有意性検定**［significance test］としても知られている）を行うことで，「薬がまったく効果がないものだった場合に，観測された結果が実験において生み出される確率はどれほどか」という問題に答えることができる。

もし，1 人にしか薬を試していなければ，通常より少し早くかぜが終わったとしても意外すぎるということにはならない。ほとんどのかぜはぴったり平均どおりに終わるわけではないのだ。だが，1000 万人の患者に薬を試したとき，偶然これらの患者全員が短いかぜにかかっただけにすぎないということはとてもありえそうにない。薬が実際に機能したというのが，よりありえそうなことだ。

科学者はこうした直感を ***p* 値**（*p* value）と呼ばれる概念で定量化している。*p* 値というのは真の効果あるいは真の違いがないという仮定のもとで，実際に観測したものと同じぐらいかさらに極端な違いを見せるデータが得られる確率のことだ。

だから，薬を与えた 100 人の患者のかぜが平均して 1 日短いことが分かった場合，この結果に対する *p* 値は，薬が実際にはまったく機能しなかった場合に，単に偶然のみによって，対照群よりもかぜが平均して 1 日短い確率のことなのだ[*3]。想像がつくかもしれないが，*p* 値は，効果の大きさ——かぜが 4 日短い

のはかぜが1日しか短くないことほどありふれたことではない——と薬を試した患者の数によって決まってくる。

p 値というのは正しさを測定するものでもなければ，違いがどれだけ重大かを測定するものでもないということを忘れないようにしよう．むしろ，p 値は驚きを測定するものであると考えよう．薬に効果がなく，2つのグループの違いに運以外の理由がないと仮定すれば，p 値が小さければ小さいほど，結果はより驚くべきものになり，より偶然的なものになる．そうでなければ，仮定が誤っていて，薬が本当に機能していることになる．

p 値を「本当にグループの間に違いがあるのか」という問題への答えに翻訳するには，どうすればよいだろうか．よく使われるおおざっぱなやり方として，$p < 0.05$ となる違いは何でも統計的に有意だとするものがある．0.05 が選ばれることに，論理的にあるいは統計学的に特別な理由があるわけではない．しかし，0.05 というのは科学における慣習として長い間一般的に使われてきた．

p 値は実験対象となっているグループの間で違いがないという仮定を行うことで機能するということに注意しよう．これは有意性検定が直感に反するところだ．薬が機能すると示したければ，薬が機能しない状況がデータに合わないことを示すのだ．このため，p 値の適用範囲は，打破したい仮説が数学的に表せるどんな状況に対しても広げることができる．

しかし，p 値には限界がある．p 値は驚きを測定するもので，小さければ小さいほど驚くべきことを示唆することを思い出そう．p 値は効果の大きさを測定するものではない．「この薬は4倍長生きさせる」といった極めて大きい効果を測定するか，ごく小さな効果だが非常に確実な効果を測定することで，極めて小さな p 値を得ることができる．そして，どんな薬にせよどんな処置にせよ普通は何らかの実際の効果がある*4．このため，非常に小さく，しかも相対

---

*3 訳注：本文のここでの p 値の説明はあまり正確ではない．より正確に言えば，「平均して1日以上かぜが短い確率」になる．

*4 訳注：「病は気から」ということわざがあるように，病気というものは気持ち次第で軽くなる．例えば，薬を飲んだ場合には，「薬を飲んだ」という行為そのものによって安心し，病気が軽くなるということがありえる．極端な話，しっかりとした薬ではなく，単なるブドウ糖のかたまりでも，効果がある薬だと思いこんで服用すれば，病気が良くなることがある．その意味で，どんな薬が投与されても，どんな処置がほどこされても，その行為そ

的に重要でない違いすら見つけられるほどの大量のデータを集めることで，常に統計的に有意な結果を得ることができる。ブルース・トンプソンは以下のように記している。

　統計的有意性検定には同語反復的な論理が関わりうる。それは，何百人もの被験者のデータを集めた疲労した研究者が，多くの被験者がいたかどうかというすでに知っていることを評価するために統計的検定を行うという意味だ。なぜすでに知っているかと言うと，研究者がデータを集めて疲労したということを知っているからだ。この同語反復が，知識の集積という面で相当のダメージを生み出してきた[1]*5。

　要するに，統計的に有意であることは，結果に実質的な重要性があることを意味しない。また，統計的に有意でないことは，大した情報をもたらさない。統計的に有意でない違いは，雑音しかないこと*6を示しているかもしれないし，単にもっとたくさんのデータを集めることではっきりさせることができる実質的な効果を示しているのかもしれない。

　仮説が真か偽かを教えてくれる数学上の道具立てはない。仮説がデータと合っているかということしか分からないのだ。データが乏しかったり，はっきりしなかったりすれば，結論は不確実なものになるだろう。

1.1.1 超能力を持つ統計

　p 値に関して何とも言いようのない問題が，p 値の限界のかげに隠されてい

　　のものによって安心し，病気が良くなるという実際の効果が生じることがありえる。
* 5 訳注：要するに，わずかな違いしかない状況において有意な結果が出たとしても，わずかな違いでも有意となるほどの大量のデータがあるということしか分からないということだ。しかし，大量のデータがあることは検定をする前から分かりきっていることであるから，この検定は無駄ということになる。結果として，統計的に有意であっても実質的な重要性がないことが無駄な「知識」として積み上がっていくことで，科学の進歩が損なわれることになる。
* 6 訳注：ここでの雑音（noise）は偶然によってもたらされた値の変動と考えてかまわない。実質的な効果がなく，雑音しかない状況というのは，偶然によってのみ差が出ているということになる。

る。p 値が薬や処置ではなく運が実験における唯一の要因であるという仮定のもとで計算されることと，p 値が観測されたものと同じぐらいかより極端な結果を得る確率として定義されることを思い出そう。このことは，p 値を用いることで，実際には決して起こらなかった結果，つまり，観測されたものより極端な結果についての推論を強制されることを意味する。こうした結果を得る確率は実験計画によって決まってくる。そして，実験計画が p 値を「超能力者」にする。2 つの実験で，計画が異なれば，同一のデータなのに異なった p 値を生み出すことがある。観測されなかったデータが異なるためだ。

統計的推論に関するマルバツ問題が 12 問出され，そのうち 9 問に正解したとしよう。ここで，あてずっぽうで答えたという仮説を検定したいとする。この検定をするためには，単純に各問であてずっぽうでマルかバツかを選んだときに，少なくとも 9 問に正解する確率を計算する必要がある。マルとバツを同じ確率で選んでいたとしたら，$p = 0.073$ と計算される*7。そして，$p > 0.05$ だから，あてずっぽうだったということはありえそうだ。もしあてずっぽうで答えたとしたら，9 問以上に正解する確率が 7.3% なのだ[2]。

だが，12 問だけ問うというのは本来の計画でなかったかもしれない。無限に問題を生み出すコンピューターがあって，単に 3 問間違えるまで出題を続けるというものだったかもしれないのだ。こうなると，15 問，20 問，あるいは 47 問出題されてから，3 問不正解になる確率を計算しなくてはならない。しかも，3 問間違えるまでに 17 万 5231 問が出題されるというわずかな可能性についても含めなくてはならない。計算すると，$p = 0.033$ が得られる。$p < 0.05$ なので，あてずっぽうで答えていればこの結果が生じることはありえそうにないと結論づけることになる。

これは困った話だ。2 つの実験で同一のデータを集めたのに，異なった結論に終わるということがありえるのだ。どういうわけか，p 値は意図を読み取

---

*7　原注：この結果を計算するために，**二項分布**（binomial distribution）として知られる確率分布を使った。次の段落では，**負の二項分布**（negative binomial distribution）という別の分布を使って p 値を計算する。確率分布の説明の詳細は，この本の対象範囲にしていない。p 値をどう計算するかよりも，p 値をどう解釈するかという問題の方に興味があるのだ。

ことができている*8。

1.1.2　ネイマン＝ピアソン流の検定

　p 値の問題をさらにしっかり理解するには，統計学の歴史を少し学ぶ必要がある。統計的有意性検定に関する考えには主に 2 つの学派がある。1 つ目は，R・A・フィッシャーが 1920 年代に広めたものだ。フィッシャーは，p 値を仮説検定のための厳密で形式的な手続きの一部と見なすよりは，ひとそろいのデータがどれだけ驚くべきものだろうかということを知るための手軽で形式ばらない方法であると見なした。p 値は，実験者の事前の経験や特定分野の知識と合わせることで，新しいデータをどのように解釈するかについて決めるときに有用なものとなりえる。

　フィッシャーの業績が世に出た後，イェジ・ネイマンとエゴン・ピアソン*9 がいくつかの答えられていない問題に取り組んだ。例えば，かぜ薬の検定では，比較のための p 値が得られるかぎり，平均や中央値*10 のほかに，式をでっちあげられそうなものだったら何を使っても，2 つのグループを比較できる。しかし，どうすればどれが最善だと知ることができるのだろうか。仮説検定において，そもそも「最善」とは何を意味するのだろうか。

　科学においては，以下の 2 種類の誤りを抑えることが重要だ。それは，効果がないのにあるという結論を出してしまう**偽陽性**（false positive）と，真の効果に気づくことに失敗してしまう**偽陰性**（false negative）だ。ある意味で，偽陽性と偽陰性はコインの裏表の関係にある。効果についての結論を急ぐ傾向に

---

*8　訳注：本文では，p 値の「超能力」の問題から得られる明確な教訓が述べられていないので，訳注で補足しておきたい。まず，データが同一であるにもかかわらず，想定している計画によって p 値が変わるということは，本文でも触れられているように普通にありえる話だ。想定している計画がある意味で追加の情報となり，その情報によって p 値が変わるのだ。このため，統計的仮説検定をするときは，どういう設定で考えているのかをはっきりさせる必要がある。

*9　訳注：イェジ・ネイマン（Jerzy Neyman, 1894-1981）はポーランド系の統計学者で，ポーランド・英国・米国などで研究に当たった。エゴン・ピアソン（Egon Pearson, 1895-1980）は，英国の統計学者で，ネイマンとともに現代統計学の発展に大いに寄与した。

*10　訳注：データを大きいものから順番に並べたときに，ちょうど真ん中に来るデータの値のことを中央値と呼ぶ。これは，メディアン（median）とも呼ばれる。

あれば，偽陽性を得やすくなる。逆に，あまりに保守的ならば，偽陰性の側で過ちを犯すことになるだろう。

ネイマンとピアソンは，完全に偽陽性と偽陰性を消し去ることは不可能だとしても，偽陽性をあらかじめ定めた割合でしか起こらないように保証する形式的な意思決定手段を開発することは可能だと考えた。2人は，このあらかじめ定めた割合を α と呼んだ。そして，2人の考えでは，実験者が経験と期待をもとに α を設定することになっていた。だから，例えば，偽陽性の割合を10%に抑えたければ，$\alpha = 0.1$ と設定することになる。しかし，判断をもっと保守的にする必要があれば，α を 0.01 やそれより小さい値に設定することもありえるかもしれない。最善な検定手続きを決めるには，選ばれた α に対して偽陰性率が最も低くなるのはどの検定手続きなのかを確かめることになる。

これは実際にはどう働くのだろうか。ネイマン＝ピアソンの方法論においては，**帰無仮説**（null hypothesis，効果が存在しないという仮説）と**対立仮説**（alternative hypothesis，「効果が0より大きい」のような仮説）を定義する。そして，2つの仮説を比較する検定を組み立てた上で，帰無仮説が真だとしたらどんな結果が得られると期待されるかを確かめる。ネイマン＝ピアソンの検定手続きの実施に当たって，p 値は，$p < \alpha$ であれば帰無仮説を棄却するという点において使用される。フィッシャーの手続きと異なり，この手法は特定の実験における証拠の強さについてあえて触れない。今，興味を持っているのは，棄却するかどうかの決定を下すことだけなのだ。p 値の大小は，実験を比較するためには用いられない。また，「帰無仮説が棄却される可能性がある」ということ以外の結論を出すために用いられるものでもない。ネイマンとピアソンは以下のように書いている。

　私たちは，特定の仮説に関心が向けられているかぎり，確率理論に基づく検定で，仮説の真偽について価値ある証拠を提供することができるものはないと思っている。
　しかし，検定の目的を他の視点から見てもよいだろう。個々の仮説の真偽を知ることを望まなければ，検定に関する行動を規定する法則を探すことがあってもよい。以下で保証するように，長期にわたる経験において，あまり

頻繁に間違うことはないだろう[3]。

ネイマンとピアソンの手法はフィッシャーのものと概念的に異なっているが，現役の科学者はしばしば双方を一緒くたにしている[4-6]。ネイマン＝ピアソンの手法では，あらかじめ選ばれたp値の閾値を用いて，「統計的有意性」を得る。この閾値は，長期的に見たときの偽陽性率を保証してくれる。ところで，実験を1つ実施して，$p=0.032$が得られたとしよう。閾値が$p<0.05$という慣習的に用いられているものならば，これは統計的に有意になる。だが，閾値が$p<0.033$だったとしても統計的に有意になる。こう述べることはよくある誤解なのだが，この結果から「偽陽性率は3.2%だ」と述べる誘惑に駆られることだろう。

しかし，これでは意味が通じない。単一の実験には偽陽性率というものが存在しない。偽陽性率は自分の手続きによって決めるもので，単一の実験の結果で決めるものではない。長期的に見たときの偽陽性率αを得る手続きを用いているのであれば，どんなことが分かったとしても，個々の実験がちょうどpの偽陽性率を持つとは主張できない。

1.2 信頼を区間に対していだけ

「統計的に有意である」という言い回しが今や一般人の語彙に収められそうなぐらい，有意性検定は非常に注目を浴びるようになっている。研究結果は，特に生物科学や社会科学では，p値で示されることが普通だ。しかし，p値は証拠の重みを評価するための唯一の方法ではない。**信頼区間**（confidence interval）もp値と同じ問題に答えることができる。さらに，信頼区間の方がより多くの情報を示し，より分かりやすく結果を解釈できるという利点がある。

信頼区間とは点推定に推定の不確かさを加えたものだ。例えば，新しい実験的な薬が，かぜの症状が続く期間を平均36時間減らすと述べた上で，その95%信頼区間は24時間から48時間の間だということを示せるだろう（信頼区間は減らす期間の平均に対してのものだ。個々の患者で，減らされる期間が大幅に違ったものになることはありえる*[11]）。もし100回同じ実験をしたら，信頼区間

のうちおよそ 95 個が，測定しようとしているものの真の値を含む*12。

　信頼区間は結論の不確かさを定量化する。そして，効果量について何も言わない p 値に比べてずっと多くの情報をもたらす。効果が有意にゼロと異なっているかを調べたければ，95% 信頼区間を求めて，それがゼロを含んでいるかを確かめることもできる。この方法では，推定がどれほど正確か分かるというおまけも得られる。もし信頼区間が広すぎるのであれば，もっと多くのデータを集める必要があるかもしれない。

　例えば，臨床試験を行う場合，薬が症状を 15% から 25% の範囲で減らすことを示す信頼区間を算出することがあるかもしれない。区間がゼロを含んでいないため，この効果は統計的に有意だ。さらに，問題となっている病気に関する臨床的な知識を活用して，この差の重要性を評価することができる。p 値を使っていたときのように，このステップは重要だ。結果を文脈において評価することなしに，大きな発見のように言いふらすべきではない。もし症状がすでにほとんど害のないものになっていたら，15% から 25% の改善はあまり重要なものにならないだろう。しかし一方で，人体自然発火のような症状ならば，どんな改善に対しても興奮するだろう。

　結果を p 値の形で書くかわりに信頼区間の形で書けるのならば，そう書くべきだ[7]。信頼区間を使うことで，p 値にまつわる解釈の把握しがたいところのほとんどが避けられ，結果としてもたらされた研究をぐんとはっきりさせる。では，なぜ信頼区間はとても不人気なのだろうか？ 実験心理学の研究誌では，研究論文のうち，97% が有意性検定を含んでいるのに対し，およそ 10% しか信頼区間を報告していない。研究論文のほとんどは，区間を結論を支える証拠として用いておらず，かわりに有意性検定を頼りにしている[8]。権威ある学術誌の『ネイチャー』(Nature) ですら不十分だ。『ネイチャー』の記事の 89% が信頼区間や効果量を報告せずに p 値を報告し，文脈において結果を解釈でき

---

*11　訳注：信頼区間が 24 時間から 48 時間の間だとしても，個々の患者でその範囲から出ること，例えば，かぜの症状が続く期間が 12 時間減ったり，60 時間減ったりすることはありえるということを示す。

*12　訳注：100 回同じ実験を行えば，個々の実験から信頼区間が 1 つずつ求められるので，100 個の信頼区間ができることになる。このうち，95 個が区間の中に真の値を含むだろうということを本文では言っている。

ないようにしてしまっている[9]。ある学術誌の編集者は，「進化上のニッチをどこかに持っていて，〔不幸にも〕引っかいても，たたいても，殺虫剤をまこうとも追い払うことができない」という点で「p値は蚊のようなものだ」と述べている[10]。

　この状況に対する説明として，信頼区間の幅がしばしば困惑するほど広いため，報告がなされないということが考えられる[11]。もう1つの説明としては，査読に基づく科学における同調圧力が強すぎることが挙げられる。他の人と同じように統計をするのが最善で，そうしなければ査読者が論文を却下してしまうかもしれない。あるいはp値についての混乱が広まっていることが信頼区間の利点を見えにくくしているのかもしれない。もしくは，統計の授業で仮説検定が強調されすぎているために，ほとんどの科学者は，信頼区間をどのように計算してどのように用いるか，分からないようになってしまっているのだろう。

　学術誌の編集者は時に信頼区間の報告を義務づけようとしてきた。1980年代半ばに『アメリカン・ジャーナル・オブ・パブリック・ヘルス』(*American Journal of Public Health*) の編集委員を務めたケネス・ロスマンは，強い語調の手紙を添えて，投稿されたものを突き返しはじめた。

　　統計的仮説検定と統計的有意性に関する言及はすべて論文から削除されるべきです。私は統計的有意性に関するコメントとp値を削除するように求めています。もし私の基準（有意忄検定の不適切さに関するもの）にご賛同いただけないようでしたら，この点に関してご遠慮なくご議論ください。さもなければ，他のいずこかで公刊することで，私の誤った見解だとあなたがお考えになっているかもしれないことを無視してください[12]。

　ロスマンの編集委員としての3年の任期の間，p値のみを報告する論文の割合は急減した。ロスマンが退任した後，有意性検定は復活したが，その後の編集者も同じように研究者に対して信頼区間を報告させるようにうまく促している。しかし，信頼区間を報告しているにもかかわらず，信頼区間について記事の中で議論したり，信頼区間を使って結論を導いたりする研究者はほとんどいなかった。かわりに信頼区間を単に有意性検定のように取り扱うことを選んだ

のだ[12]。

　ロスマンは『エピデミオロジー』(*Epidemiology*) 誌の創設に移った。同誌は，統計の報告について強硬な方針をとった。当初，有意性検定に慣れていた執筆者は信頼区間と一緒に p 値を報告することを好んだ。しかし，10 年経つと考えが変わり，信頼区間のみを報告することが普通に行われるようになった[12]。

　学術誌の編集者で勇気のある（そして忍耐できる）人は，ロスマンの例にならって，その分野における統計の慣行を変えることができるだろう。

第2章 検定力と検定力の足りない統計

十分な数のデータを集めないことで，実際に存在する効果を見つけられない可能性があることを見てきた。このことによって，うまくいきそうな薬を見つけられなかったり，重大な副作用に気づかなかったりするかもしれない。それでは，データをどれだけ集めれば良いかということは，どうすれば分かるだろうか。

検定力（statistical power）という概念がこの問題の答えになる。ある研究における検定力とは，単なる偶然といくらかの大きさのある効果とを区別できる確率を指す。研究に当たって，薬から得られる利益が大きければ検出するのは簡単だろうが，わずかな差を検出するのはずっと難しくなる。

2.1 検定力曲線

自分に敵対する人物が不正なコインを持っていると確信しているとしよう。コインを投げたとき，表と裏が半々で出てくるのではなく，どちらか一方の面が出るのが60%と偏っているのだ。そして，この偏りによって，例の敵対者はコイン投げの賭けという信じられないほどつまらない遊びでいかさまができるようになっている。自分としては相手がいかさまをしていると疑っているのだが，どうすればそのことを証明できるだろうか。

そのコインを100回投げたときに表が出た回数を数えるだけではだめだ。図2.1の実線が示すように，まったく不正のないコインでも常に50回表が出ると

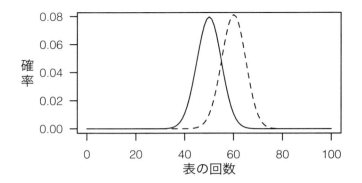

図 2.1 不正のないコイン（実線）と偏ったコイン（破線）をそれぞれ 100 回投げたときに，表が出る回数別に確率を表したもの。偏ったコインは 60% の確率で表が出る *1。

は限らない。

50 回表が出るのが最もありえる結果ではあるが，そうなる確率は 10% に満たない。51 回表が出たり 52 回表が出たりする可能性もかなり高い。実際，不正のないコインを 100 回投げたとき，40 回から 60 回表が出る確率は 95% だ。逆に，この範囲に当てはまらない回数の結果が出ることはありそうにない。不正のないコインでは，表が出る回数が 64 回以上か 36 回以下である確率は 1% にすぎない。表が 90 回とか 100 回とか出てくることはほとんどありえない。

これを図 2.1 の破線と比べてみよう。破線は，表が出る確率が 60% の偏ったコインから得られる結果の確率を示している。実線と破線は重なり合うところもあるが，不正なコインは不正のないコインに比べて，表を 70 回出す可能性がぐんと高いことが分かるだろう。

---

*1 訳注：日本語版に載っているグラフは，原著者から提供されたデータとコードをもとに，訳者が作成しなおしたものだ。日本語版のグラフの見た目は，原書と違っているところもある。これは，原書と日本語版とで判型が違うといった事情で，グラフの形を調整する必要があったからだ。ただし，見た目こそ違うものの，グラフが示す内容は原書も日本語版も同じものになっている。だから，この本を理解するときには，原書と日本語版のグラフの違いは問題にならない。なお，このように訳者がグラフを再現することができたのは，原著者がグラフを作成するためのデータとコードをしっかりと保管していたためだ。第 10

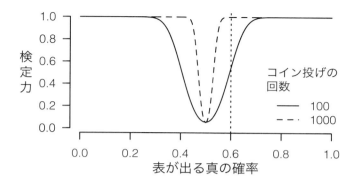

図 2.2 コインを 100 回投げた場合と 1000 回投げた場合の検定力曲線。これらは異なった規模の偏りを検出できる確率を示している。垂直線は表が出る確率が 60% のところを示している。

数学の問題を解いてみよう。100 回試行し，そのうち表が出た回数を数えるものとする。もし，ちょうど 50 回表が出るという結果でなかったら，不正のないコインを投げた結果がそれ以上にずれることが起きる確率を計算する。この確率が，p 値になる。0.05 以下の p 値を統計的に有意なものだと見なす。つまり，p が 0.05 以下ならば，コインに不正があると考えるわけだ。

この方法を使うことでコインが偏っていることを探り出せる可能性はどれぐらいあるだろうか。図 2.2 に示されている**検定力曲線**（power curve）でそれが分かる。水平軸は，コインの表が出ることの真の確率で，コインがどれだけ偏っているかを示している。垂直軸はコインがいんちきだと結論づける確率だ。

どんな仮説検定においても，**検定力**とは，統計的に有意な結果（この例では $p<0.05$ と定義されている）が得られる確率のことだ。不正のないコインは，何度も実験をすれば，そのうち 95% で，40 回から 60 回表が出る。だから，不

章「誰もが間違える」で見るように，データやコードの管理がなされていないために，再現ができなくなっているダメな科学研究はたくさんある。この本の原著者は，こうしたダメな科学研究から得られた反省をしっかり活かし，データなどをしっかり管理していたのだ。ただし，提供されたコードでは，うまく再現できないところもあり，そういったところは，訳者が適宜コードを修正した。データ分析の実践においては，万全を期したつもりでも，実際に万全なものを達成するのは難しいものなのだ。

正なコインについて，検定力とは 40 回から 60 回表が出るという範囲に当てはまらない結果が得られる確率なのだ。検定力は以下の 3 つの要因に影響される。

- **探し求めている偏りの大きさ** 巨大な偏りはわずかな偏りよりずっと検出しやすい。
- **標本の大きさ** より多くのデータを集めること（コイン投げの回数をより増やすこと）で小さな偏りをより簡単に検出できる。
- **測定誤差** コイン投げの回数を数えるのは簡単だが，多くの実験は疲労感や抑うつ感の症状を調べる医学研究のようにもっと測定しにくい値を扱う。

偏りの大きさから話を始めよう。図 2.2 の実線は，コインがいんちきで 60% の確率で表が出る場合，コインを 100 回投げた後にいんちきだと結論づけられる確率が 50% であることを示している（すなわち，表が出る真の確率が 0.6 のとき，検定力は 0.5 になる）。残りの 50% では，表が出る回数が 60 回以下[*2]となり，偏りを検出するのに失敗する。コインを 100 回しか投げないというのは，偏りを偶然変動から常に区別するにはデータが足りていない。偏りに 100% 近くの確率で気づくためには，表が出る確率が 80% のように，信じられないほど偏っているコインでなくてはならないだろう。

もう 1 つの問題は，たとえコインがまったく不正のないものだったとしても，偏っていると誤って非難してしまう可能性が 5% あることだ。$p < 0.05$ となる結果は偏りを示すものとして解釈するように実験を計画したのだが，そうした結果は不正のないコインだとしても起こりうるのだ。

幸いなことに，標本の大きさを大きくすれば，感度は向上する。図 2.2 の破線はコインを 1000 回投げる状況を示している。この場合，コインがいんちきなものかを簡単に見分けることができる。このことは筋が通っている。不正のないコインを 1000 回投げたときに，表が出ることが 600 回を超えることはほ

[*2] 訳注：正確に言えば，表が出る回数が 40 回以上 60 回以下になる。また，本文では明確に書かれていないが，偏りを検出できる場合とできない場合が，ちょうど 50% ずつになるわけではない。厳密に言えば，おおよそ 50% ずつといったところになる。

とんど絶対にありえない。95%の確率で，469回から531回表が出ることになる。残念なことに，不正の有無を試すために敵対する人物のコインを1000回投げる時間は実際ないだろう。十分な検定力のある検定をすることは，純粋に実践上の理由から，しばしば不可能になるのだ。

さて，表と裏を数えるのは簡単だが，かわりに知能テストを実施するとしたらどうなるだろうか。知能指数の得点は，潜在的な真実を測定するものではない。むしろ，測定にランダム雑音をもたらすテストの問題や被験者の気分によって，日ごとに変わりうるものだ。2つのグループの知能指数を比較するとしたら，人ごとに違う知能の正常変動だけでなく，特定の個人の得点における偶然変動も見ることになる。主観的な採点を要する知能テストのように変動が大きなテストは，相対的に検定力が低くなる。

データが多いことは雑音から信号を区別する助けとなる。しかし，これは言うは易し，行うは難しだ。多くの科学者は，探し求めているものを検出するのに十分な検定力のある研究を行うほどの資源を持っていない。こうした科学者は，始める前から失敗することが運命付けられているのだ。

2.2 検定力が足りない危険性

フィクシトルとソルヴィクスという2つの異なった薬を同じ条件で試験することを考えてみよう。どちらが安全か知りたいのだが，副作用はめったに起きない。だから，たとえ2つの薬をそれぞれ100人の患者に対して試験したとしても，各グループでほんのわずかな人にしか重大な副作用が起こらないだろう。表が出る割合が50%のコインと51%のコインの違いを検出するのが難しいのと同様に，副作用が起きる割合が3%のものと4%のものの違いを検出するのは難しいのだ。フィクシトルを服用した人のうち4人に重大な副作用が起こり，ソルヴィクスを服用した人のうち3人だけに重大な副作用が起こったとしたら，その違いがフィクシトルによるものかどうか確証を持って言うことができない。

ある試験において，求める効果を検出する力が十分にないとき，その試験は**検定力が足りない**（underpowered）と言う。

検定力の計算は医学に関する試験において必要不可欠だと読者はお考えだろ

う。科学者は，新しい薬の試験のためにどれだけの患者が必要なのかについて知りたいことだろう。そして，検定力をちょっと計算することでその答えが得られる。一般に，科学者は検定力が 0.8 以上あれば満足する。これは，想定された大きさの実際の効果を検出できる確率が 80% であることに対応する（真の効果が本当はもっと大きいものだったとしたら，その研究の検定力はさらに高くなる）。

しかし，この計算をする科学者はほとんどいないし，学術誌に載った論文で検定力に触れているものはほとんどない。権威ある学術誌の『サイエンス』（Science）と『ネイチャー』で，研究開始前に検定力を計算している論文は 3% 未満だ[1]。実際，十分なデータがないために極めて大きな違い以外は検出できないということに言及せず，「有害な影響に関して，グループ間に統計的有意差はない」と結論づけている試験はたくさんある[2]。こうした試験の 1 つが，2 つの薬の副作用を比べるものならば，一方がもう一方に比べてずっと危険かもしれないのに，医者が誤って 2 つの薬は同じぐらい安全だと考えてしまうかもしれない。

もしかして，これは珍しい副作用だけに関わる問題なのだろうか。あるいは，弱い効果しか持たない薬だけに関わる問題なのだろうか。そうではない。1975 年から 1990 年までの間に権威ある医学誌に公刊された研究から抽出されたある標本では，否定的な結果*3 を報告したランダム化比較試験*4 の 5 分の 4 以上で，処置群間の主要評価項目の 25% の差を検出するのに十分なデータを集めていなかった。つまり，たとえある薬が他の薬に比べて症状を 25% 減らすとしても，その薬がより効果的だと結論づけるために十分なデータがないことになる。さらに，否定的な結果を示した試験の 3 分の 2 近くが，50% の差を検

---

*3 訳注：2 つのグループの違いを比べる実験をした場合，2 つのグループの間に明確な差が見いだせない場合がある。否定的な結果（negative result）とは，そういった場合のことを指す。

*4 訳注：ランダム化比較試験（randomized controlled trial; RCT）は，主に医学の分野で使われる科学実験の手法の 1 つで，効果を調べたい治療法を施すグループ（実験群）とそれと比較するためのグループ（対照群）を設けて，効果がどれだけあるかを調べる。また，被験者を偏りなく選び出した上で，偏りなく実験群と対照群に割り当てを行うこともこの手法の重要な特徴になっている。

出する検定力がなかった[3]。

　ガン研究での試験に関する最近の研究も同様の結果を示している。主要評価項目の変数における大きな差だったとしても，それを検出するための十分な検定力があった研究は，否定的な結果の公刊された研究の約半数に過ぎない[4]。こうした研究のうち，標本の大きさが不足していることについて説明しているものは10%に満たない。同様の問題は，医学の他の分野に一貫して見られる[5,6]。

　神経科学では，問題はさらに悲惨だ。個々の神経科学の研究で集められるデータが非常に少ないために，中央値にあたる研究で，探し求めている効果を検出できる可能性は20%しかない。このことを補正するには，同じ効果を調べている複数の神経科学の論文について，これらの研究が集めたデータをまとめるという方法がある。しかし，神経科学の研究の多くで実験動物が用いられるので，この事態は大きな倫理的問題を引き起こす。個々の研究の検定力が足りない場合，多数の動物を使った多数の研究が終了して解析されてからでないと本当の効果は発見されないことになるだろう。最初にしっかりと研究が行われるよりずっと多くの実験動物を使ってしまうのだ[7]*5。倫理委員会*6は，求める効果を検出できない試験だと分かっていれば，その試験を承認すべきでない。

---

*5 訳注：例えば実験動物を200匹使えば，十分な検定力が得られて，効果があると主張できるとしよう。この場合，誰かが最初に200匹を使って効果があると論文に書けば，犠牲になる実験動物は200匹しかいないことになる。しかし，実験する人がそろいもそろって50匹ずつしか使わなかった場合はどうなるだろうか。1人目は50匹しか使わず効果があると主張することに失敗する。2人目がまた別の50匹を使って効果があると主張することに失敗し，3人目がまた別の50匹を使って……，ということが延々と続くことになる。50匹使った人が合わせて10人いれば，その時点で実験動物が500匹も犠牲になる。誰かがこれら10人分のデータを集めて分析すれば，500匹分のデータから効果があると主張できる。しかし，最初から200匹使って実験するのに比べて，300匹も余計に実験動物を犠牲にしてしまう。しかも，誰も10人分のデータを集めなければ，500匹もの犠牲が生じた上に，何も知見が得られないということになってしまうのだ。

*6 訳注：倫理委員会 (ethical review board) は，大学や病院などに設置される機関で，試験が倫理的に問題ないかを審査した上で，試験実施に承認を与える。さらに，試験実施中や実施後においても，問題がないかを監督する役目を果たす。

2.2.1 検定力が足りなくなるわけ

不思議なことに，検定力が足りない研究の問題は何十年も前から知られているのだが，この問題は今でも最初に指摘されたときと同じぐらい蔓延している。ジェイコブ・コーエン*7 が『ジャーナル・オブ・アブノーマル・アンド・ソーシャル・サイコロジー』（*Journal of Abnormal and Social Psychology*）に 1960 年に載った研究の検定力を調べたところ，普通の研究は中ぐらいの大きさの効果を検出するための検定力が 0.48 しかないことが分かった[8]*8。コーエンの研究は何百回も引用され，後から同様の報告がたくさん出た。これらの報告はみな，検定力を計算することと標本の大きさをより大きくすることの必要性を勧告するものだった。その後，1989 年に出た報告において，コーエンの研究以降の数十年間で，普通の研究の検定力が実は減少していることが示された[9]。この減少は，研究者が多重比較という別の問題に注意するようになり，その問題に研究の検定力が下がるような方法で対応したために起きたものだ（多重比較については第 4 章で議論する。第 4 章では，研究の検定力と多重比較の補正方法の間には不幸なトレードオフがあることについて見ることになる）。

では，なぜ検定力の計算がしばしば忘れられるのだろうか。1 つの理由として，標本の大きさに関する直観と検定力の計算結果とが一致しないことが挙げられる。たとえ検定力が非常に悪くても「きっと十分な数の被験者がいる」と考えやすいのだ。例えば，心臓発作の新しい治療手順を試験しようとしていて，新手順で死亡のリスクが 20% から 10% に半減すると期待しているとしよう。この場合，「50 人の患者にこの方法を試して違いが見られなかったら，利益が小さすぎて有用なものではないだろう」と思ってしまうかもしれない。だが，この効果を検出する検定力を 80% にしたければ，実際には統制群と処置群でそれぞれ 200 人ずつ，つまり 400 人もの患者が必要になる[10]。臨床医にとって十分だと思える標本の数は実際にはかなり少ないということに，臨床医自身が気づいていないだけなのかもしれない。

---

*7 訳注：ジェイコブ・コーエン（Jacob Cohen, 1923-1998）は米国の統計学者で，検定力の問題に長く取り組んだ。
*8 原注：コーエンは「中ぐらいの大きさ」を，グループ間の差が標準偏差 0.5 個分であるものとして定義している。

検定力の計算があまり見られないことに関するもう1つの説明として，数学が挙げられるだろう。検定力を解析的に計算することは，難しかったり，完全に不可能だったりすることがありえる。しかも，検定力を計算する手法は，統計の入門授業であまり教えられない。

そして，市販の統計ソフトには，検定力計算機能が付いていないものがある。やっかいな数学を避けるには，想定している効果量を持つ人工的データセットを何千個もシミュレーションで作り，そうしてできたデータに対して統計的検定を行うというのも可能だ。検定力は，統計的に有意だった結果を得たデータセットの割合で容易に求まる。ただ，この方法はプログラミングの経験が必要となるし，真実味のあるデータをシミュレーションで作るのは難しい。

たとえそうであっても，科学者は検定力の問題に気づいて修正しようとするだろうと思われるかもしれない。有意でない結果の研究が5つか6つ出てくれば，科学者は自分が何を間違えたのかについて，考えはじめるかもしれないというわけだ。しかし，普通の研究では，仮説検定を1つだけでなく，たくさん行うので，何かしら有意なものをうまく引き出すことができるのだ[11]。この有意な結果が，論文の中で取りあげるのに十分なほどおもしろいものであるかぎり，科学者は自分の研究に検定力が足りないとは感じないのだ。

検定力が不十分だという問題は，科学者がグループ間に有意な結果を発見しなかったと述べるときにウソをついていることを示すわけではない。だが，こうした結果をもって真の違いが存在しないことを意味すると決めてかかることは，誤解を招く。違いは存在するかもしれない。そして，重要な違いですら存在するかもしれない。だが，それに気づくのが幸運であるぐらいに研究の規模が小さいのだ。さて，日常で見るような事例について考えてみよう。

2.2.2 赤信号での誤った方向転換

1970年代，米国の多くの地域で，運転手に対して赤信号で右折することが許可されはじめた。それに先立つ長い間，道路の設計者と土木技師は，赤信号での右折を許可すると衝突や歩行者の死亡が増えるので，安全上の問題があると主張してきた。しかし，1973年の石油危機とその影響により，交通部門は，通勤者が赤信号を待つ際に無駄となる燃料を節約できるように赤信号での右折

を許可すべきだと考えるようになった。そして，ついに米国の連邦議会は，各州に対して赤信号での右折を許可するように求めた。赤信号での右折を，建物の断熱基準や効率的な照明と同様にエネルギー節約の措置として扱ったのだ。

この変化が安全に対して与える影響を考察する研究がいくつか行われた。そうした研究の1つに，バージニア州の高速道路・交通部門のコンサルタントが実施した研究がある。この研究では，赤信号での右折が許可されるようになった交差点20か所について，変化前と変化後の違いが調査された。変化前は，これらの交差点で事故が308回あった。変化後は，同等の長さの期間で事故が337回あった。しかし，コンサルタントは，この差は統計的に有意ではないと報告で述べた。この報告が知事に送られた際，高速道路・交通部門の長は，赤信号での右折の「実施以降，運転手や歩行者に対する意味のある危険は認められておりません」と記した[12]。つまり，統計的に有意でないということを現実に意味がないということに転換してしまったのだ。

これに続くいくつかの研究も同じような結果だった。すなわち，衝突回数は少し増加するが，こうした増加が統計的に有意なものだと結論づけるにはデータが十分でないというものだ。ある報告は以下のような結論を述べている。

〔赤信号での右折の〕採用以降，右折が関わる歩行者事故が増加したと疑う理由はない。

もちろん，こうした研究は検定力が足りなかったのだ。しかしながら，さらに多くの市や州が赤信号での右折を許可するようになり，米国全体で広く行われるようになった。より有用なデータセットを作るために，これら多数の小規模な研究を統合しようとした人は，どうもまったくいなかったようだ。その間，ますます多くの歩行者が轢かれ，ますます多くの車が衝突にまきこまれた。数年後に，右折が関わる事故について，衝突が20%増加し，歩行者が轢かれることが60%増加し，自転車に乗っている人がぶつけられることが2倍になったという明確な結果が最終的にもたらされるまでは，このことを確信を持って示すために十分なデータを誰も集めることができなかった[13,14]*9。

ああ，交通安全の業界はこの例からほとんど学習していない。例えば，2002

年のある研究では、舗装路肩が田舎の道路での交通事故率に与える影響を考察している。当然のことながら、舗装路肩は事故のリスクを減らす。だが、この減少が統計的に有意だと明言するためのデータは十分になかった。このため、この研究の著者は、舗装路肩の費用は正当化されないと述べた。有意でない差について、差がまったくないことを示しているかのように扱ったために、費用便益分析を行わなかった。集めたデータが舗装路肩によって安全性が向上するということを示唆しているにもかかわらずだ。証拠は、期待していた p 値の閾値に見合うほど強いものでなかったのだ[12]。より良い分析をしていれば、路肩が便益をまったくもたらさない可能性はあるかもしれないが、データは路肩が実質的な便益をもたらすこととも矛盾しないと認めていただろう。このことは、信頼区間を見ることを意味する。

2.3 信頼区間と権限強化

実験の結果が統計的に有意でないと述べることよりも有用なのが、見こまれる効果の大きさを与えてくれる信頼区間だ。たとえ信頼区間がゼロを含んだとしても、その幅からさまざまなことが分かる。ゼロを含む幅の狭い信頼区間は、効果が小さい可能性が強い（小さな効果が実務上有用でなければ、このことが知るべきことのすべてかもしれない）。これに対して、幅の広い区間は、結論を導くには測定が十分に正確でないことを明確に示す。

物理学者は、ゼロと有意な差がない量に限界を設定するために、しばしば信頼区間を用いる。例えば、新しい基本粒子を探索するときに、「信号は統計的に有意でなかった」と述べるのは有用ではない。かわりに、物理学者は、研究中の粒子の衝突で生成された粒子の比率の上限を設定するために、信頼区間を用いることができる。そして、物理学者は、そのふるまいを予測する対抗理論と結果を比較することができる（さらに、将来の実験者に対して、検出するため

---

*9 　原注：右折が関わる事故が珍しいということに注目することは重要だ。この変化によって生じた死者は、米国全体の1年間の数で見ても100人に満たない[15]。小さな数値において60%増えても、それは小さいままだ。だが、それにもかかわらず、統計の誤りが毎年何十人もの人を死なせているのだ。

により大きな器具を作るようにさせることができる)。

　信頼区間という観点から結果を考えることは，実験計画に取り組むための新たな方法をもたらしてくれる。有意性検定での検定力に注目するかわりに，「意図している精度で効果を測定するためにはどれだけのデータを集めなくてはならないのか」と問うのだ。検定力が強い実験だったとしても，非常に幅の広い信頼区間を持つ有意な結果を生み出すことがある。これでは結果を解釈しにくい。

　もちろん，データは実験ごとに違うものになるから，信頼区間の大きさも実験ごとに違うものになる。このため，ある水準の検定力が得られるような標本の大きさを選択するかわりに，99%の状況で目的に合う程度に狭い信頼区間が得られるような標本の大きさを選ぶ（99%のかわりに，あるいは95%を用いる。この数をいくつにするかについての標準はまだ存在していない。なお，この数は**確信度**［assurance］と呼ばれるもので，どれほどの割合で目標とする幅に信頼区間が当てはまるかを左右する)[16]。

　確信度に基づいて標本の大きさを選ぶ手法は，一般的な統計的検定の多くで開発されてきた。ただし，すべての検定に対してこうした手法があるわけではない。これは新しい領域の話で，統計学者はまだ解明しきっていないのだ[17]（こうした手法は，**パラメータ推定での確信度**［accuracy in parameter estimation］あるいは **AIPE** と通称されている）。検定力は確信度よりずっとよく使われている。これに対して，確信度はどの分野の科学者もまだあまり用いていない。だが，こうした手法は非常に有用だ。統計的有意性は，多くの場合，松葉杖だ*10。つまり，受けは良さそうなのだが，良い信頼区間に比べれば，情報量の少ない代替物に過ぎない。

＊10　訳注：ここでは，統計的有意性を松葉杖にたとえることによって，信頼区間に基づく手法を丈夫な両脚で歩くことのように扱っている。確かに状況によっては松葉杖は便利だ。しかし，丈夫な両脚さえあれば，松葉杖は必要ないし，松葉杖では行きにくいところにも行くことができる。丈夫な両脚があれば松葉杖が要らないのと同様に，統計的有意性を用いなくても信頼区間が使えるならばそちらを使ったほうがずっとよろしいというわけだ。

2.4 事実の誇張

フィクシトルが実際は偽薬よりも症状を 20% 減らすとしよう。そして，そのことを調べるために実施している試験は，信頼をもってこの差を検出するために十分な検定力がないものとしよう。小規模の試験では，幅広い結果が出る傾向があることが知られている。普通より短いかぜをひいている運の良い患者を 10 人得ることは簡単だ。しかし，全員が普通より短いかぜをひいているような 1 万人を得ることは，ずっと難しい。

この試験を何回も実施することを想像してみよう。時には，運の悪い患者をつかまえ，薬がもたらす統計的に有意な改善に気づかない。時には，平均的な患者をつかまえ，実験群で症状を 20% 減らしたものの，統計的に有意な向上と言えるほどの十分な数のデータがなかったために，無視してしまう。時には，運の良い患者をつかまえ，症状を 20% よりずっと大きく減らし，試験をやめて，「見てくれ！　効果があるぞ！」と述べる。こうした結果が図 2.3 に示されている。この図では，1 回の試行が，ある大きさの効果量を得る確率を示し

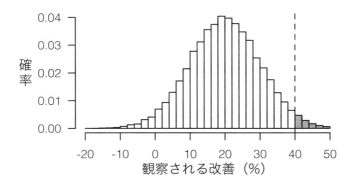

図 2.3 何千回も試験を実施すれば，症状が減った割合という形で示される効果量の幅広い分布が得られる。垂直の破線は，統計的に有意になるのに十分な大きさの効果量を示している。真の改善は 20% だが，効果として観測されるのは 10% の悪化から 50% の改善になる。運の良い試行のみが統計的に有意となり，効果量を誇張する。

ている。

　フィクシトルに効果があるという結論を出したことは正しい。しかし，研究の検定力が足りないために，効果量が誇張されてしまっている。こうした現象は，**事実の誇張**（truth inflation），あるいは **M 型の過誤**（M は magnitude〔重大性〕の頭文字）や**勝者の呪い**（winner's curse）として知られている。これは，多くの研究者が似たような実験を行い，最も刺激的な結果を発表しようと競争している領域で起きる。例えば，薬理学的試験，疫学研究，遺伝子関連解析（「遺伝子 A が状況 B を引き起こす」），心理学研究のような領域だ。さらに，医学分野の文献で最も引用されている論文のいくつかにおいても，この問題が発生している[18,19]。遺伝学のように展開の速い分野において，最も初期に公刊された結果はしばしば最も極端なものになる。なぜかと言えば，学術誌側が，新しくて刺激的な結果を公刊したがっているためだ。後から行われる研究での効果はずっと小さい傾向にある[20]。

　『ネイチャー』や『サイエンス』のような最高ランクの学術誌が革新的な結果を有する研究の公刊を好んでいることについても注目してみよう。革新的な結果を有する研究とは，先行研究がほとんどない新規性のある分野で大きな効果量があるような研究のことを指す。これは，慢性病のような事実の誇張を生み出す完璧な組み合わせだ。学術誌のインパクトファクター（学術誌の卓越性と重要性を示す大まかな指標）が効果量を過剰に見積もっている研究の割合と相関していることを示唆する証拠がある。あまり刺激的でない結果を生み出すような研究の方が，事実に近いのだが，一流の学術誌の編集者にとってはつまらなく感じられるのだ[21,22]。

　ある研究が，標本の大きさが相対的に小さいのに，大きな効果を検出したと主張していたとしよう。このとき，最初の反応が「なんかどえらいことを発見したんだなあ！」となってはならない。むしろ，「うわっ……この研究の検定力，低すぎ……」となるべきだ[23]。1 つ例を挙げてみよう。サトシ・カナザワは，2005 年から性比をテーマとするひと続きの論文を発表し，ついには「美しい両親は娘を持つことが多い」というところまで至った。引き続いて，カナザワは自著で，このことと，他に自身が発見した政治的に正しくない事実を論じた。こうした研究は，特に，報告された効果量が大きかったために，当

時マスメディアではとても人気があった．カナザワは，最も美しい両親の子どもで女であるのは 52% であるのに対し，最も魅力的でない両親の子どもで娘であるのは 44% しかいないと主張していた．

生物学者にとっては，もしかしたら 1% とか 2% といった程度の小さな効果でも，もっともらしいものなのだろう．トリヴァース＝ウィラード仮説によれば，両親が男児よりも女児に有益な特性を持っている場合，男児よりも女児を多く持つようになることが示唆される（逆に男児に有益な特性ならば，男児を多く持つようになる）．もし女児は男児よりも美しさから得る利益が大きいと想定するのならば，この仮説から，美しい両親は平均すればわずかに娘を多く持つことが予想される．

しかし，カナザワが主張した効果量は非常に大きなものだった．そして，後にカナザワが統計分析でいくつかの誤りを犯していたことが分かった．修正がなされた後の回帰分析によれば，データ上，魅力的な両親は確かに 4.7% 娘を持ちやすかったのだが，その信頼区間は 13.3% 娘を持ちやすいというところから，3.9% 持ちにくいところまで，大きく広がっていた[23]．カナザワの研究は 3000 近くの親のデータを用いていたが，結果は統計的に有意ではなかった．

小さな違いを確実に検出するためには，膨大な量のデータが必要になる．より現実味がある効果量として，例えば 0.3% を仮定してみよう．3000 の親のデータがあっても，観察された 0.3% の違いは偶然と区別するには小さすぎる．この場合，単純に 5% の確率で，統計的に有意な結果を運良く手に入れることがある．ここで有意となった結果は本来の効果を少なくとも 20 倍誇張する結果になる．そして，これらのうち 40% が，女児でなく男児の方が生まれやすいという大胆な過大評価となる[23]．

だから，たとえカナザワが完璧な統計分析をしたとしても，「技術者は多くの息子を持ち，看護師は多くの娘を持つ」といった論文を出せる幸運に時々出くわすことがあっただろう．そして，実在の非常に小さな効果を大胆に過大評価した形の結果が得られただろう．カナザワが実施した研究は，あらかじめ予期される量の効果を検出することができないほど，小規模なものだった．事前に検定力分析をしていれば，このことが分かったことだろう．

2.4.1 小さな極端なもの

事実の誇張は，小規模で検定力の足りない研究において，結果が非常に幅広くなることから引き起こされる。時に幸運を引き当てて，統計的に有意だがかなり過大に評価された結果を得る可能性が高い。こうした幅の広さは，有意性検定をしなくても問題を引き起こしうる。ここで，公立学校の改革を担当しているとしよう。最も良い教授方法を調査する一環として，学校の大きさが標準化テスト[11]の得点に与える影響を見る。小さな学校の方が大きな学校より成績が良いのだろうか。小さな学校をたくさん建てるべきだろうか。それとも大きな学校を少しだけ建てるべきだろうか。

この問題に答えるため，成績が最高レベルの学校をリストにまとめる。平均的な学校の生徒数は 1000 人程度だが，成績上位の 10 校はほとんどすべて生徒数がそれより少ない。このことからは，小さな学校が最も良くやっているように見える。教員が生徒を知ることができて，個別に助けることができるからかもしれない。

そして，成績が最低レベルの学校は何千人もの生徒と働き過ぎの教員がいる都会の大きな学校だろうと予測しつつ，成績が最低レベルの学校を見る。なんと！　成績が最低レベルの学校は，みんな小さな学校だった。

何が起きているのだろうか。学校規模に対するテスト得点を示した図 2.4 を見てみよう。学校の中でも規模が小さいものほど，テストの平均得点が大きくばらついている[12]。こうなっているのは，こうした学校に生徒が少ないからだ。生徒が少なければ，教師の真の能力を証明するために必要なデータ点[13]が少ないということになる。だから，普通とは違った得点が少しあるだけで，学校

---

[11] 訳注：標準化テスト（standardized test）という用語はあまり耳慣れないかもしれないが，さしあたりは日本の学校で行われる学力調査を思い浮かべるのでかまわない。ただし，標準化テストは，日本の学力調査よりずっと多くの労力を経て作られていて，さまざまな比較が一貫してできるようになっている。

[12] 訳注：規模の小さな学校は，図の左側の方に表されていて，テスト得点が上から下までばらついている。これに対して，図の右側の方に表されている規模の大きな学校は，テスト得点がそれほど上下にばらついていない。

[13] 訳注：ここでは，個々の生徒の得点を，教師の教える能力を反映したデータ点として捉えている。

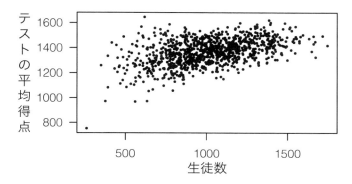

図 2.4 生徒が多い学校ほど，テスト得点のランダム変異が少ない。このデータはシミュレーションで作成されたものだが，ペンシルバニア州の公立学校を実際に観察したデータに基づいている。

の平均は大きく揺らぐのだ*14。学校が大きなものになるほど，テスト得点のばらつきは少なくなる。そして，実は，学校の規模が大きくなるほど，テスト得点は平均して増加しているのだ[24]。

他の例を挙げよう。米国では，腎臓ガン罹患率が最低レベルである郡は，中西部・南部・西部の田舎の郡である傾向がある。どうしてこうなるのだろうか。田舎の人は，運動量が多く，汚染の少ない空気を吸っているのかもしれない。あるいは，ストレスの少ない生活をしているのかもしれない。

しかし，腎臓ガン罹患率が最高レベルである郡も，中西部・南部・西部の田舎の郡である傾向がある。

無論，田舎の郡の人口がとても少ないことに問題のカギがある。住民が 10

---

*14 訳注：これは今まで触れてきた薬の効果の試験とまったく同じ話だ。薬について調べるときに，わずかな数の患者に対してしかデータを取らなかった場合のことを思い出してみよう。例えば，10 人しか患者がいなければ，薬が効果を及ぼさない場合でも，全員がたまたま軽い症状になるという可能性は低くない。逆に全員がたまたま重い症状になるという可能性も低くない。つまり，人数が少ないと，極端な結果が出やすい。もし 1 万人の患者がいれば全員がたまたま症状が軽かったり重かったりすることは少ないだろう。つまり，人数が多いと，極端な結果が出にくくなる。学校の生徒の人数とテスト得点の話も，この薬の試験の話と同じだ。人数が少ない方が極端な結果が出やすく，多い方が出にくいのだ。

人しかいない郡*15 に腎臓ガン患者が 1 人いるだけで，その郡が国内で腎臓ガンの罹患率が最も高い郡になってしまう．つまり，小さな郡は，単に住民が非常に少ないという理由により，腎臓ガン罹患率が非常にばらついてしまうのだ[25]．ガン罹患率の信頼区間もそれに応じて広くなる．

この問題に対処するためによく使われる戦略として，**縮小**（shrinkage）というものがある．住民が少ない郡について，その郡のガン罹患率と全国平均との重み付け平均を取ることで，ガン罹患率の推定を全国平均に向かって縮めるのだ．住民が少ない郡なら，全国平均への重み付けを大きくする．大きな郡なら，郡の重み付けを大きくする*16．現在，縮小は，ガン罹患率の地図作成など，さまざまな用途でよく使われる手法となっている*17．残念なことに，この方法は逆方向に結果を偏らせるものとなる．本当に異常な罹患率を示している小さな郡は，実際よりも全国平均にずっと近い罹患率だと推定されてしまうのだ．

この問題に対処する単一の方法は存在しない．他の最善の方法として，問題を完全に回避してしまうことが挙げられる．例えば，郡ごとに罹患率を推定するかわりに，下院の選挙区を使うことがありえる．米国では下院の選挙区はほぼ同じ人口になるように設計されている*18．ただ，選挙区は郡よりだいぶ大きいし，ゲリマンダー*19 によって変な形をしていることがしばしばある．選挙区に基づく地図は，統計に関して誤解を招くものにはならないだろうが，解釈するのは難しいままだ．

---

*15 訳注：米国の郡（county）は非常に大きなものから小さなものまであるが，さすがに住民が 10 人しかいない小さな郡はない．ただし，住民が数百人しかいない小さな郡ならば多数存在する．なお，米国にはおよそ 3000 の郡があり，1 郡の住民数は平均 10 万人程度になる．

*16 訳注：結果として，住民が少なければ，全国平均に近くなり，多ければその郡で得られた値に近くなる．

*17 原注：ただし，縮小は，単純な重み付け平均よりも洗練された方法を使って実施されるのが普通だ．

*18 訳注：米国の下院の選挙区は 435 個あり，2010 年の国勢調査に基づけば，1 選挙区あたりの人口は 71 万人程度になる[28]．

*19 訳注：ゲリマンダー（gerrymander）とは，特定の候補が有利になるように，選挙区の区分を変えることを指す．ゲリマンダーを行うときは，特定の候補の支持者をうまく固めるために，地理的に自然な分割をせずに，変な形に区分けをすることがしばしばある．

もちろん，標本の大きさをむりやり等しくすることは，いつも使える手段ではない。例えば，オンラインストアでは，顧客の評価に基づいて商品を並び替える必要があるが，どの商品に対しても同じ数の顧客に評価させるようなことはできない。他の例として，reddit（レディット）のように，ユーザーの評価によってコメントが並び替えられる討論ウェブサイトがある。コメントは，時期や場所や投稿者によって，受ける評価の数がかなり変わってくる。こうした状況には，縮小が役に立つ。オンラインストアでは，商品の評価と何かしらの全体の平均との間の重み付け平均を使うことができる。ほとんど評価がない商品については，全体的な平均をもって取り扱われるだろうし，何千もの評価を受けている商品については，それ自身の真の評価によって並び替えられる。

　星を付ける評価でなく，単純に肯定か否定かの2択の評価を用いるredditのようなウェブサイトでは，肯定の評価をした人の割合の信頼区間を求めることが代替手段として挙げられる。まずコメントに対して少ししか評価がないという状況で，信頼区間が広いというところから始まる。その後，コメントが集まっていき，決定的な値（「70%の評価者がこのコメントにいいねしました」といったもの）にたどり着くまで区間の幅が狭まっていく。そして，コメントは，信頼区間の下限に基づいて並び替えられる。新しいコメントは最も下から始まるが，そうしたコメントの中で非常に良かったものは，評価を集めて信頼区間が狭まるにつれてページをはい上がっていく[*20]。そして，コメントは肯定的な評価の総数ではなく，比率で並び替えられるので，新しいコメントでも，何千もの評価をすでに集めたコメントに対抗できるのだ[26,27]。

ヒント

- 適切な標本の大きさを決めるために，研究を計画するときに検定力を計算しよう。いいかげんにしてはならない。コーエンの古典的名著 *Statistical*

---

*20　訳注：例えば，最初は，評価者10人のうち7人が肯定の評価をしたとしよう。このときの95%信頼区間は35.4%から91.9%なので，下限の35.4%を基準として並び替えられる。評価者が増えていき，例えば，評価者100人のうち70人が肯定の評価をしたとしよう。このときの95%信頼区間は59.9%から78.5%となり，下限の59.9%を基準として並び替えられる。10人中7人も，100人中70人も7割の人が肯定の評価をしているという点では変わらないが，人数が多い方が高い位置に置かれるようになるのだ。

Power Analysis for the Behavioral Sciences(行動科学のための検定力分析)に当たるか，統計コンサルタントに話をしよう[21]。もし，標本の大きさが現実的なものでなければ，研究の限界に注意しよう。

- 正確に効果を測る必要があるのならば，単に有意性の検定をするのではなく，検定力のかわりに確信度を用いよう。仮定した効果を意図した精度まで測定できるように実験を計画しよう。
- 「統計的に有意でない」ことは「ゼロ」を意味しないことを思い出そう。たとえ結果が有意でなくても，その結果は，収集したデータから分かる推定のうち最も良いものを表している。「有意でない」ことは「存在しない」ことを意味しない。
- 明らかに検定力の足りない研究の結果は懐疑的に見よう。そうした研究は事実の誇張によって大げさになっているかもしれない。
- 統計的有意性に関係なく，データと一貫する答えの範囲を決定するために，信頼区間を用いよう。
- 大きさの異なる集団を比較するときは，信頼区間を計算しよう。信頼区間は大きな集団で得られる付加的な確実性を反映する。

---

[21] 訳注：*Statistical Power Analysis for the Behavioral Sciences*(行動科学のための検定力分析）は，書名に「行動科学」と入っているが，行動科学以外の分野の人でも使える書籍だ。ただし，これはかなりページ数が多い。一気に読み通すのが難しいという人は，コーエンが書いた "A power primer"(検定力入門）というたった5ページの文章があるので，そちらを先に読んでみるという手もある[23]。また，日本語で書かれた検定力に関するコンパクトな説明として，「効果量と検定力分析入門」というものがある[30]。検定力について初めて学ぶ人は，こちらを読んでみても良いだろう。

第3章 擬似反復：データを賢く選べ

ランダム化比較試験において、被験者は系統的なものによらず、ランダムに実験群か統制群[*1]に割り当てられる。ランダムという言葉は、こうした研究を少し非科学的な感じにさせるが、通常、医学試験はランダム化比較試験でないかぎり、信頼できるものとは考えられない。なぜそうなるのだろうか。ランダム化の何がそんなに重要なのだろうか。

ランダム化は、研究者が試験対象となるグループの間に系統的な偏りを招き入れることを防ぐはたらきがある。もしランダム化をしなかったら、研究者はあまりリスクがなかったり、あまり手間がかからなかったりする治療法に虚弱な患者を割り当てるかもしれない。あるいは、保険会社が新しい治療法に金を払ってくれるだろうから、裕福な患者を新しい治療法に割り当てるかもしれない。しかし、ランダム化には隠れた偏りというものがなく、これを実行することによって各群が大体同じような人員構成になることが保証される。未知のものも含め、交絡因子[*2]が結果に影響することはない。統計的に有意な結果を

[*1] 訳注：実験で着目したいことが行われるグループのことを実験群（experimental group）と呼び、この実験群と比較対照するために設定されるグループのことを統制群（control group）と呼ぶ。例えば、新薬の効果を試す実験をしている場合、その新薬が与えられるグループが実験群になり、これと比較するために設定される偽薬が与えられるグループが統制群になる。なお、実験群のかわりに、処置群（treatment group）という言葉が用いられることもある。

[*2] 訳注：注目している複数の変数に影響を与える要因のことを交絡因子（confounding factor）と呼ぶ。例えば、運動時間とストレス量という2つの変数の間の関係を調べたい

得れば，可能性のある唯一の原因が，薬ないし介入そのものであることが分かるのだ。

3.1 実際に行われている擬似反復

　医学の例に戻ろう。血圧に関する2種類の薬物治療について比較したいとする。2000人の患者を集め，それをランダムに2グループに振り分ける。そして，薬物治療を実施する。薬物治療の効果を得るまで1か月待ってから，個々の患者の血圧を測り，どちらのグループが血圧の平均が低いかを調べるために比較を行う。ここでは，普通の仮説検定を実施して普通のp値を得ることができる。標本の大きさが各グループに患者が1000人いるというものだから，2種類の薬物治療の違いを検出する検定力として優れたものが得られるだろう。

　さて，別の実験計画を思い描いてみよう。各グループに患者を1000人ずつ集めるのではなく，10人しか集めないものとする。ただし，患者の血圧を数か月にわたり100回測るものとする。こうすることで，日によって変化するかもしれない個人の血圧をより正確なものに修正することができる。あるいは，血圧計 ^{*3,4}が完璧に較正^{*5}されていないということを心配して，日ごとに違う血圧計で測るかもしれない。データ点の数はグループごとに1000個あるが，患者の数は重複して数えなければ10人しかいない。標本の大きさが同じようだから，同じ検定力の同じ仮説検定を実施できる。

としよう。このとき，自由時間の長さというものが，運動時間にもストレス量にも影響を及ぼしていてもおかしくはない。こうした場合，自由時間の長さがここでの交絡因子になる。

*3 原注：スフィグモマノメーター（sphygmomanometer）という単語を使う口実が欲しかっただけなんだ。

*4 訳注：日本語では「血圧計」という字面を見れば，「ああ，血液の圧力を計るものなんだな」ということが容易に分かる。しかし，英語のsphygmomanometerという単語は，字面だけ見ても何を示しているか分からないし，そもそもありふれた英単語のようには見えない。だから，非日常的なように見える単語をあえて挙げたことについて，原注では言い訳をしているのだろう。なお，スフィグモ（shpygmo）は古典ギリシャ語に由来し，「脈拍」を表す。また，マノメーター（manometer）はフランス語に由来し，「圧力計」を表す。

*5 訳注：較正とは，検査機器が正しく測定できるようにするために，信頼する基準と照らし合わせて，検査機器を調整することを指す。

だが，本当にできるのだろうか。標本の大きさが大きいことは，グループ間の違いはどれも治療の結果によるものであって遺伝的特徴や前から存在する条件によるものでないことを保証するものと想定されている。しかし，この新しい実験計画では，新しい患者を集めているわけではない。既存の患者の遺伝的特徴を100回数えているだけなのだ。

この問題は**擬似反復**（pseudoreplication）として知られていて，極めてありふれたものだ[1]*6。例えば，ある培養物からの細胞を調べた後に，同じ培養物からさらに細胞を取り出して調べる形で，生物学者が結果を「反復」するかもしれない。たった2匹のラットから得られた何百ものニューロンは標本の大きさが大きいと主張するといった形で，神経科学者は同じ動物からニューロンを複数調べるかもしれない。海洋生物学者は，同じ水槽の中にいる魚同士は独立していないということを忘れて，水槽の魚に対して実験を行おうとするかもしれない。この場合，試験しようとしている処置だけでなく，水槽の条件が魚に影響するかもしれない[2]。これらの実験がラットや魚の一般的な傾向について明らかにしようとするものならば，その結果は大いに誤解させるものになる*7。

擬似反復は，間違った質問に答えるデータを集めることと捉えることができる。動物行動学者は，鳥の鳴き声を理解しようとすることがしばしばある。例えば，さまざまな鳴き声を鳥に聞かせたときに，鳥がどう反応するかを評価するのだ。鳴き声は，人間の訛りのように，地域によって変わることがある。そ

---

*6 訳注：擬似反復の問題を早くから指摘したスチュアート・ハールバートは，擬似反復を「処置が反復されていないか反復が統計的に独立していない実験から得られたデータによって，処置の効果を調べるために推測統計を用いること」と定義している[2]。

*7 訳注：何らかの実験をした場合，確実に分かるのは，実験対象にしたものについてのことしかない。つまり，ラットに対する実験では，実験で使われたラットについては分かるが，使われなかったラットについてはどうなるか分からない。ただし，適切に事例を積み重ねることによって，実験対象となったものから得られた結果が，統計的な推論を経て，実験対象にならなかったものにも一般化できるようになる。こうした一般化をするためには，適切な方法で相当の量のデータを集める必要がある。しかし，本文で記されている実験の例は，明らかに適切な方法でデータを集めていない。だから，ラットの実験について言えば，実験で使われた特定のラットに関する性質しか分からない。そして，どんなラットにも通用する一般的な傾向は明らかにされていない。

して，こうした鳴き声の方言は比較することが可能だ。1990年代より前において，こうした実験の一般的な手続きとは，各方言から代表的なさえずりを1つ録音して，これらのさえずりを10羽か20羽の鳥に聞かせて反応を記録するというものだった[3]。観察する鳥を増やせば増やすほど，標本の大きさは大きくなる。

だが，研究で解明したいことは，さまざまなさえずりの方言についてであって，個々のさえずりについてではない。さえずりがどれほど「代表的」なものであったとしても，それを多くの鳥に聞かせることが，方言Aがシルスイキツツキのオスにとって方言Bより魅力的である証拠に結びつくわけではない。特定のさえずりあるいは録音が魅力的だという証拠にしかならないのだ。研究で解明したいことに対して適切な答えを得たければ，双方の方言におけるさえずりの標本がたくさん必要となるだろう。

擬似反復は，先ほどの血圧の実験の例のように，同じ被験者から時間の経過とともに別々の測定を行うこと（**自己相関** [autocorrelation]）によっても引き起こされうる。同一の被験者について測定した日ごとの血圧の間には，企業の年ごとの収益の数値と同様に，自己相関がある。こうした自己相関の数学的構造は複雑で，患者ごとに，あるいはビジネスごとに異なったものになる。うっかりとした科学者が，各々の測定がその他の測定から独立しているかのようにこうしたデータを扱ってしまえば，擬似反復による結果を手に入れてしまうことになる。そして，これは誤解を招く結果になる。

3.2 擬似反復への申し開き

実験計画を綿密に立てることで，測定同士の依存関係を打破することができる。農場実験では，各耕地に植えてある異なる品種の穀物の成長率を比較することがあるだろう。しかし，耕地によって，土壌や灌漑の質が異なるのならば，各々の耕地でどれだけ多くの植物を測定したとしても，穀物の違いと土壌の条件による違いとを切り分けることができないだろう。より良い実験計画にするには，各耕地を小さな区画に分けて，各々の区画にランダムに穀物の品種を割り当てれば良いだろう。区画として選択できる範囲が十分に幅広いものならば，

土壌の違いが，ある穀物に対して他の穀物より系統的に有利になることはないだろう。

あるいは，実験計画を変更できない場合，統計分析が擬似反復の説明に役立つ可能性がある。統計の技法は，各測定が互いに独立していない状況を魔法のように消し去るわけではないし，適当でない実験計画から良い実験結果を得られるようにするわけでもない。測定の間の依存関係を定量化し，データを正確に解釈できる方法を提供するだけだ（つまり，こうした統計的技法は，素朴な分析と比べれば，信頼区間が広くなったり，p値が大きくなったりする）。擬似反復の説明に役立つ統計の技法としては以下のようなものがある[4]。

- **独立していないデータ点の平均をとる**　例えば，ある個人の血圧の測定結果すべてを平均し，それを1つのデータ点と見なす。これは完璧な方法ではない。もしある患者について他の患者よりたくさん測定していたとしても，そのことは平均の数値に反映されない。測定の確実さのレベルは測定するほど上がるが，これを結果に反映したければ，測定がたくさんなされた患者に対する重みが大きくなるような重み付きの分析を行うべきだ。
- **独立していないデータ点を取り分けて1つ1つ分析する**　患者の血圧の測定をすべてまとめるかわりに，1人の患者から，例えば5日目の血圧だけを取り出して，他のデータ点は無視する。しかし，注意が必要だ。こうしたことを測定日ごとに繰り返せば，次章で議論する多重比較の問題を引き起こすことになる。
- **独立していないことをp値と信頼区間を調節することで補正する**　データ点の間の依存関係の度合いを推定・説明する手続きとして，多くのものが存在している。例えば，クラスター標準誤差（clustered standard error），反復測定検定（repeated measures test），階層モデル（hierarchical model）などが挙げられる[5-7]。

3.3　バッチ生物学

新技術が，生物学の領域においてデータの爆発的増大を生んだ。マイクロア

レイと呼ばれるチップ上の安価な研究室によって，何千ものタンパク質や遺伝子の活動を同時に追跡できるようになった。マイクロアレイにはさまざまなタンパク質や遺伝子に化学的に結合するプローブ*8 が何千も含まれている。そして，蛍光染料を用いることで，各プローブに結合した物質の量をスキャナーで測ることができる。特に，ガンの研究では，こうした新しい技術が役立ってきた。こうした技術によって，研究者は，ガンにかかった細胞と健康な細胞の双方において何千もの遺伝子発現を追跡することができるようになった。こうすることで，健康な組織には無害であるような，ガンの新しい標的治療法が生まれるかもしれない。

　マイクロアレイは，蛍光染料を検出する機械においてバッチ*9 として処理されるのが普通だ。大規模な研究では，異なるマイクロアレイは，異なる機械を使う異なる研究室によって処理されるかもしれない。また，素朴な実験の設定として，ガンにかかった標本と健康な標本をたくさん集め，それをマイクロアレイに注入し，ガンにかかった標本は火曜日に，健康な標本は水曜日に処理するようなこともあるだろう。

　読者は，このことがどういう結果をもたらすかお気づきかもしれない。マイクロアレイの結果は，処理するバッチごとに大きく異なる。機械の較正が違ったものになるかもしれないし，研究室の温度の違いが化学反応に影響するかもしれない。そして，異なる瓶に入った化学試薬がマイクロアレイの処理に用いられるかもしれない。時には，実験データにおける変動の最大の要因が，マイクロアレイが処理された曜日になることもある。もっとまずいことに，こうした問題は，すべてのマイクロアレイに対して同様に影響するわけではない。実際，異なったバッチで処理されると，遺伝子ペアの活動の相関が完全にひっくり返ることもありえる[8]。そのため，標本を増やしても，生物学実験におけるデータ点が増えることに必ずしもつながらないのだ。新しい標本が以前のものと同じバッチで処理されたとしたら，これは機器がもたらす系統的誤差を測定しているに過ぎない。ガンにかかっている細胞一般については何も分からな

---

*8 訳注：プローブ（probe）としては，DNA の断片などが用いられる。
*9 訳注：マイクロアレイを処理する時期が違ったり，処理が行われる場が違ったりすれば，それは処理するバッチ（batch）が違うということになる。

いのだ．

　ここでも，綿密に実験を計画することで問題を緩和することができる．2つの異なる生物学的なグループが試験の対象となっている場合，各グループを均等にバッチに分ければ，系統的な違いがグループごとに異なる影響を及ぼすことはない．加えて，個々のバッチがどのように処理されたのか，個々の標本はどのように保管されたのか，どんな化学試薬が処理中に使われたのかについて，しっかりと記録を取るようにしよう．そして，データ分析に当たる統計分析者が，こうした情報を使って問題が検出できるように，情報を入手できるようにしておこう．

　例えば，統計分析者は，バッチの違いが大幅に異なる結果を生んでいるかどうかを判断するために，データに対して主成分分析（principal component analysis; PCA）を行うことができるだろう．主成分分析をすることで，データの中の変数の組み合わせのうち，どれが結果の違いに最大の影響を与えているかを説明するのだ．もしバッチの違いを反映するバッチ番号が非常に大きな影響を与えるものだということが示されれば，バッチ番号を交絡変数として説明に入れた上で分析することが可能になる．

3.4　同期する擬似反復

　擬似反復は，すぐには分からないような経路から生じることがある．例を1つ見てみよう．これは，生態学の文献で擬似反復が蔓延していることについて論評した記事から引いた例だ[9]．成長する草の若芽に含まれる化学物質が，かわいらしいふさふさの齧歯類の動物の繁殖期の始まりに影響するかを調べたいとする．仮説は，草が春に発芽したときに，その齧歯類の動物がそれを食べて繁殖期を始めるというものだ．このことを検証するために，動物を何匹か実験室に置いて，半分に通常の食事を，残りの半分にその草を混ぜた食事を与え，いつ繁殖の周期が始まるかが分かるまで待機することとしよう．

　だが，待ってほしい．ある論文を読んだことをぼんやりと思い出したのだ．その論文では，フェロモンがどうこうすることで群れで生活する哺乳類の繁殖周期が同期する可能性があることが示されていた．となれば，実際は，各グ

ループで個々の動物は互いに独立しているわけではない。結局，みな同じ研究室にいるのだから，同じフェロモンにさらされている。そして，1匹が発情期に入れば，何を食べてきたかに関係なく，そのフェロモンによって他の動物も続いて発情期に入ることになる。標本の大きさは実質的には1なのだ。

思い出した研究とは，マーサ・マクリントックが『ネイチャー』に発表した1970年代初めの有名な論文のことだ。この論文では，緊密に接触して生活すれば，女性の月経周期が同期するということが示されている[10]。他のいくつかの研究によって，ゴールデンハムスター，ドブネズミ，チンパンジーにも似たような結果が見いだされている。これらの結果は，同期が擬似反復を引き起こす可能性があることを示すように見える。すばらしい。それでは，このことは，齧歯類の動物を互いに隔離するために，フェロモンを防ぐカゴを作らなければならないということを意味するのだろうか。

必ずしもそうではない。生理や発情の周期が同期することをどうやって証明するのかと思う人もいるだろう。そう，結局のところ，できないのだ。さまざまな動物で同期を「証明」した研究は，それ自体が狡猾な方法で擬似反復されたものなのだ。

マクリントックは人間の生理周期をこんな感じで研究した。

1．学生寮に住む大学生のように，緊密な接触のある生活をしている女性のグループを見つける。
2．おおよそ1か月ごとに，個々の女性に前の月経期がいつ始まったかを問い，ほとんどの時間を一緒に過ごした他の女性の名前を挙げてもらう。
3．こうやって挙げられたものを使って，女性たちを，一緒に時間を過ごす傾向にあるグループに分ける。
4．各グループについて，女性の月経期が始まる日付の平均からのずれの平均がどれくらいかを見る。

ずれが小さいことは，女性の周期が，すべてほぼ同じ時期に始まるという点で，そろっていることを意味するだろう。そして，研究者は，ずれが時間が経つにつれて減るかを調べた。時間が経つにつれて減るということは，女性たち

の同期を示すことになるだろう．このことのために，研究者は研究期間の5つの異なる時点において，ずれの平均を確認し，ずれが偶然で予想される以上に減ったかを検定した．

不運にも，使用された統計的検定は，同期がない場合にずれがランダムに月経期ごとに増加または減少することを仮定するものだった．ここで，周期がそろった状態で始まった2人の女性が研究対象になっていたとしよう．1人目の期と期の間の幅は平均28日で，2人目は30日だとする．2人の周期は研究が進むにつれて一貫して離れて行くだろう．月経期は時期が完璧に決まっているわけではないために若干のランダムな変動こそあるが，最初は2日，次は4日といった形で徐々に離れていくのだ．同様に，2人の女性の月経期がそろっていない状態から始まって，だんだんとそろっていくこともある．

比較のために，以下の例を考えてみよう．渋滞に遭遇したことがあれば，異なるペースで明滅する2つの信号がだんだんと同期し，その後だんだんとずれていくのを見たことがあるかもしれない．もし交差点で動けない時間が十分に長ければ，こうしたことが起きるのを何度も見るはずだ．だが，私の知るかぎり，信号にフェロモンなんてものはない．

だから，2人の月経周期が実際にはそろっていなかったとしても，少なくとも一時的にそろうことがあることを予期することができる．例の研究者は，統計的検定においてこの効果を説明することに失敗したのだ．

しかも，研究の始まりにおける同期の計算で誤りを犯していた．もし，ある女性の月経期が研究開始の4日前に始まり，別の女性の月経期が研究開始の4日後に始まっていたとしたら，その差は8日しかない．しかし，研究開始前の月経期は計算に入れられていなかったため，記録された差は，4日目と前者の女性の次の月経期であるおよそ3週間後との間の差になったのだ．

これら2つの誤りが合わさったことにより，たとえフェロモンによる同期現象が存在しなくても，くだんの科学者は統計的に有意な結果を得ることができたのだ[11,12]．

さらなる月経周期の間に被験者を追跡することによって研究者が追加で得たデータ点は，同期の証拠をまったく提供しなかった．ここでは，単に，フェロモンに関係なく同期が偶然起きたという証拠が得られたのみだった．統計的仮

説検定が，科学者が問おうとしていたこととは異なる問題を扱っていたのだ．

同様の問題は，小さなふさふさの哺乳類やチンパンジーが発情周期を同期させていると主張する研究にも存在している．統計的な手法を正して実施されたその後の研究は，発情周期や月経周期の同期に関する証拠を見つけることにまったく成功していない（ただ，これは議論の余地がある）[13]．ここでは，擬似反復された研究を信じたことにより，齧歯類の実験が擬似反復をおかしているかもしれないと考えただけだ．

なお，もし，友だちが月経期の同期について不満を漏らしたとしても，その友だちを馬鹿にしないでほしい．もし，1回の周期が平均して28日続くのならば，普通の2人の女性の月経期の差は長くても14日になる（もし月経期が友だちの20日後に始まったとしたら，それは友だちの次の月経期の8日前に始まったことになる）．これは最大値だ．そして，平均は7日になるだろう．さらに，月経期は5日から7日の間続きうるから，時を経るにつれて周期がそろっていくにせよ，離れていくにせよ，2人の月経期が重複することはしばしばあるだろう．

ヒント

- 統計分析が，研究で解明したいことに本当に答えられるようにしよう．追加して測定されたものが，先立つデータに強く依存するようなものならば，結果がより大きな集団に一般化できることは立証されない．こうした追加の測定をしても，研究対象となった特定の標本についての確実さが増すだけだ．
- 測定したものの間で強い依存関係があることを説明するために，階層モデルやクラスター標準誤差といった統計的な手法を使おう．
- 変数の間の相関を生じさせるような隠れた原因を打ち消すように実験を計画しよう．もしそれが不可能ならば，交絡因子を統計的に調整できるように，そうした因子について記録しよう．もし最初から依存関係を考慮することがなければ，データを救う方法は見つけられなくなるかもしれない．

第 4 章　p 値と基準率の誤り

　p 値が解釈しにくいことについてはすでに見てきた。統計的に有意でない結果が得られたとしても，2 つのグループに違いがないことになるわけではないのだ。では，有意な結果が得られた場合はどうだろうか。

　ガンを治す見こみがある薬を 100 種類試験するとしよう。これらの薬のうち，実際には 10 種類しか効かないのだが，どれが効くのかは分からない。よって，効く薬を見つけるために実験をしなくてはならない。実験においては，薬に有意な利益があることを示すために，偽薬に対して $p<0.05$ となる薬を探すことになる。

　図 4.1 はこの状況を表したものだ。マス目の中の 1 マスが 1 種類の薬に相当する。実際には，一番上の行の 10 種類の薬しか効かない。ただし，ほとんどの試験では有効な薬をすべて発見できるわけではない。このため，検定力が 0.8 であると仮定する（なお，ほとんどの研究はこれより検定力がずっと低い）。よって，10 種類の有効な薬のうち，濃い灰色で示されたおよそ 8 種類の薬を正しく検出することになる。

　p 値の閾値が 0.05 になっているため，効果のない薬が効くという誤った結論に至る可能性が 5% ある。そして，試験した薬のうち 90 種類が効果がないのだから，そのうちおよそ 5 種類が有意な効果のある薬だという結論に至ることになるだろう[*1]。そうした薬は黒で示されている。

[*1] 訳注：厳密に言えば，90 種類の薬の 5% なので，4.5 種類ということになる。ただ，種類の数が整数個にならないと分かりにくいので，切りあげて 5 種類ということにしたのだ

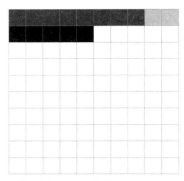

図 4.1 マス 1 つが薬の候補 1 つに対応する。マス目の 1 番上の行は，実際に効く薬に対応しているが，統計的に有意な結果が得られたのは 8 つの濃い灰色の薬だけだ。また，黒いマスは偽陽性に対応する。

実験をしたところ，「効く」薬が 13 種類あると結論するに至った。そのうち，8 種類が真に有効な薬で，5 種類が偽陽性となった薬だ。つまり，「効く」薬が本当に有効である可能性は 13 個中 8 個だ。なんと，たったの 62% だ！ 統計的に有意な結果が実は偽陽性である割合，つまり統計学の用語で言えば，**偽発見率**（false discovery rate）は 38% だということになる。

有効なガン治療薬の**基準率**[*2] がたったの 10% ととても低いために，偽陽性に遭遇する機会が多くなってしまっている。極端な話，完全に効果がない薬がトラック 1 台分あるという不幸な状態におちいれば，基準率が 0% なので，本当に有意な結果が得られる可能性はま̇っ̇た̇く̇な̇い̇。それにもかかわらず，トラックの中の薬のうち 5% について，$p < 0.05$ という結果が得られてしまう。

4.1 基準率の誤り

p 値が小さいことを引き合いに出して，誤差がありえないことを示すしるし

ろう。

[*2] 訳注：調査対象となっているもののうち，真に有効なものの割合を基準率（base rate）と呼ぶ。ここのガン治療薬の例で言えば，100 種類の薬のうち，真に有効なのは 10 種類なので，$10 \div 100 = 0.1 = 10\%$ が基準率となる。

だとするニュース記事はしばしば見られる。こうした記事では，「$p=0.0001$だから統計的な偶然としてこの結果が出てくるのは1万回に1度しかない」と書かれたりする[*3]。だが，これは正しくない。ガン治療薬の例では，$p<0.05$という閾値を用いているが，統計的に有意な結果のうち単なる偶然に過ぎないものは38%だという結果になっている。このような誤解は**基準率の誤り**（base rate fallacy）と呼ばれる。

p値がどのように定義されるか，思い出してみよう。p値とは，真の効果がないか，真の差異がないという仮定のもとで，実際に観測したものと同じか，それよりも極端な差があるデータが収集される確率のことだ。

p値は薬が有効でないという仮定のもとで計算され，自分のデータと同じか，それよりも極端なデータが得られる確率について教えてくれる。薬が有効である確率については教えてくれないのだ。p値が小さければ証拠としてはより強力なものになる。しかし，薬が有効である確率を計算するには，基準率を考慮に入れなくてはならないだろう。

長らく理論上の存在でしかなかったヒッグス粒子という素粒子が存在する証拠を，物理学者が大型ハドロン衝突型加速器を用いて発見したということがあった。このとき，どのニュース記事も「この結果が単なる偶然である確率は，174万分の1しかない」といったような形で，確率を挙げようとしていた。だが，挙げられた数値は情報源ごとに異なっていた。基準率を無視したり，p値を誤って解釈したりした上に，基準率もp値も正確に計算できなかったのだ。

だから，誰かがp値が小さいことを挙げて，自分の研究は多分正しいだろうと述べていたとしたら，実際には誤りである確率がほとんど間違いなく高いことを思い出すようにしよう。開発初期段階の薬の試験（初期段階の薬のほとんどが試験を切り抜けられない）のように，ほとんどの検定された仮説が偽となるような分野においては，$p<0.05$となる統計的に有意な結果のほとんどが実際にはまぐれあたりである可能性が高い。

[*3] 訳注：p値の意味について誤解している人は，しばしば「統計的な偶然としてこの結果が出てくるのは1万回に1度しかない」と述べるのに加えて，「だから，有効である確率は1万回に9999回，つまり99.99%だ」と述べることもある。もちろん，こう考えるのも誤りだ。

4.1.1 ちょっとしたクイズ

2002年のある研究で，統計を学ぶ学生[*4]の圧倒的大多数が，そして講師もがp値に関する簡単なクイズに答えられなかったという結果が出ている[1]。自分がp値の本当の意味を理解しているかを確かめるために，このクイズを解いてみよう（なお，クイズの内容はこの本の内容に合わせて少し変えてある）。

フィクシトルとソルヴィクスという2つの薬の試験をしているとしよう。処置群は2つあり，一方はフィクシトルを服用し，もう一方はソルヴィクスを服用する。そして，その後で何らかの標準的な課題（例えば，体力テスト）のできを測定する。そして，単純な有意性検定で各群の平均得点を比較し，$p=0.01$という結果を得た。このことは平均の間に統計的有意差があることを示唆する。

この前提のもとで，以下の各項目の正誤を判定してみよう。

1. 帰無仮説（「平均に差がない」）が誤りであることを完全に示した。
2. 帰無仮説が真である確率が1%ある。
3. 対立仮説（「平均に差がある」）が正しいことを完全に示した。
4. 対立仮説が正しい確率を導き出すことは可能である。
5. 帰無仮説の棄却を決めた場合，その判断が間違っている確率が分かる。
6. もし何度も実験を繰り返した場合，繰り返された実験の99%で有意な結果が得られるという意味で，信頼のおける実験結果が得られた。

答えは脚注に記されている[*5]。

4.1.2 医療検査における基準率の誤り

乳ガンのスクリーニング[*6]にマンモグラフィー[*7]を用いることについての

[*4] 訳注：この研究は，統計学専攻の学生ではなく，心理学科の大学生を対象にしたものだ。心理学の研究においては統計の知識が必要となるので，心理学科の大学生であっても統計的仮説検定の意味を知っていることが期待されるのだ。

[*5] 原注：すべての項目が間違っているという結論を下すことを期待している。最初の5つの項目は基準率を無視している。そして，最後の項目は実験のp値でなく，検定力について問うているものだ。

論争が続いている。偽陽性の結果が不必要な生検・手術・化学療法をもたらしてしまうので，この脅威がガンの早期発見の利益を上回ると主張する人がいる。医師団体や米国予防医学作業部会 (United States Preventive Services Task Force) のような規制機関は，近年，50歳未満の女性に対して定期的なマンモグラフィーを推奨するのをやめた。これは統計に関する問題だ。この問題に答えるための最初の一歩は，「マンモグラフィーで乳ガンの兆候を見つけたとき，それが本当に乳ガンである確率がどれだけか」という比較的分かりやすい質問をすることだ。この確率があまりにも低ければ，陽性の結果のほとんどが正しくないことになり，大量の時間と労力が無益なことに費やされることになる。

マンモグラフィーを受ける女性のうち，0.8%が乳ガンにかかっているとしよう。こうした乳ガンの女性のうち，90%がマンモグラフィーで正確に検出できるものとする（90%というのはこの検査の検定力に相当する。ただし，そこにガンがあると分からなければ，どれだけのガンが見逃されているかを知るのが難しいという点で，これは推定量に過ぎない）。しかし，まったく乳ガンにかかっていない女性の約7%がマンモグラフィーで陽性と判断されてしまう（これは$p<0.07$という有意水準を設定していることに相当する）。このとき，マンモグラフィーで陽性の結果が出た場合，乳ガンにかかっている確率はどれぐらいだろうか？

検査対象者が男性である可能性[*8,9]を無視すれば，この答えは9%になる。

これはどう算出されたのだろうか。ランダムに選ばれた1000人の女性がマンモグラフィーを受けることにしたとしよう。平均的に言えば，スクリーニングを受ける女性の0.8%が乳ガンにかかっているのだから，この研究では約8

[*6] 訳注：スクリーニングとは，病気の疑いがある人を選び出すことを指す。

[*7] 訳注：マンモグラフィーとは，触診では分からないような小さな乳ガンを発見するために，乳房に対して行われるX線検査のことを指す。

[*8] 原注：実際には，男性でも，乳ガンにかかる可能性はあるが，そうなる可能性は女性に比べてずっと低い。

[*9] 訳注：乳ガンは女性に多い病気だが，男性でもまれにこの病気にかかることがある。日本乳癌（にゅうがん）学会が2014年に出した『全国乳がん患者登録調査報告：2011年次症例』(http://www.jbcs.gr.jp/people/nenjihoukoku/2011nenji.pdf) によれば，2011年の日本における乳ガン発症数として，女性の4万8262症例と男性の219症例が報告されている。

人の女性が乳ガンにかかっているはずだ。マンモグラフィーは乳ガン患者の90%を正確に検出するので，8人のうち約7人のガンが見つかることになる。ただし，乳ガンにかかっていない女性が992人いて，そのうち7%がマンモグラフィーでの判断で偽陽性となる。つまり，70人の女性[*10]が誤ってガンだと告知されることになるのだ。

合計すると77人の女性がマンモグラフィーで陽性となるが，そのうち実際に乳ガンにかかっているのは7人しかいない。マンモグラフィーで陽性だった女性のうち，9%しか乳ガンにかかっていないのだ。

医者であってもこのことについて誤解している。医者に聞けば，そのうち3分の2が，$p<0.05$という結果は95%の確率でその結果が正しいということを意味しているという誤った結論を下すことだろう[2]。しかし，今までの例から分かるように，マンモグラフィーで陽性になることがガンであることを表す可能性は，実際に乳ガンにかかっている女性の比率に左右される。そして，とても幸運なことに，どんなときでもほんのわずかな割合の女性しか乳ガンにかかっていないのだ。

4.1.3 喫煙統計でウソをつく法

著名な統計の専門家であっても基準率の誤りにはまることがある。目を引く事例として，ジャーナリストのダレル・ハフが関わったものがある。ハフは1954年に出た『統計でウソをつく法』という有名な本の著者だ。

『統計でウソをつく法』という本は学術的な意味での統計に焦点を当てた本ではない。むしろ『グラフや誤解を招きやすい数字でウソをつく法』という題名の方がふさわしかったかもしれない。それにもかかわらず，この本は大学の授業で広く使われていたし，マーケティング担当者や政治家の裏をかきたがっている大衆にも読まれていた。このことにより，ハフは世間が認めた統計の専門家ということになっていた。そのため，1964年に米国公衆衛生局長官が出した『喫煙と健康』(*Smoking and Health*)という有名な報告に，喫煙が肺ガンの原因になるという記述が載ったとき，たばこ会社はハフに公開の反論を行う

[*10] 訳注：厳密に言えば，992人の7%なので，69.44人となる。整数にするのならば，69人の方が値としては近い。

よう依頼した*11,12。

たばこ産業は，ハフの名声を利用しようとして，ハフに議会での証言を依頼するとともに，本の執筆も依頼した。この本は，公衆衛生局長官の報告に存在するとされた多くの統計的・論理的誤りを論じるもので，『喫煙統計でウソをつく法』という仮題が与えられた。ハフは原稿を書き終えると，たばこ産業から9000ドル（2014年のドルの価値で言えばおよそ6万ドル）を受け取った。そして，この原稿はシカゴ大学の統計学者で，たばこ産業のコンサルタントとしてお金をもらっていたK・A・ブラウンリーに好意的に評価された。この原稿が出版されることはなかったが，もし出版されていれば，ハフの分かりやすくて気楽に読めるスタイルが大衆に強い印象をあたえ，給湯室での議論に話のタネを提供しただろう。

その第7章で，ハフは，自身が「過度に精確な数字」と呼んだものについて議論している。こうした数字は，信頼区間や他の不確かさの目安が付されることなく示されていた。例えば，公衆衛生局長官の報告では「1.20という死亡率の比」について述べられていて，それが「5%の水準で統計的に有意」だとされている。おそらくこの1.20という比と，1.0という比の間に$p<0.05$で有意差があるということを意味しているのだろう。ハフは結果を死亡率の比で表すことは完全に適切なことだと同意したのだが，以下のようにも述べている*13。

　これ*14には適切でない結果が含まれている。ここからは，2種類のグ

---

* 11　原注：以下の説明は，レガシーたばこ文書館（Legacy Tobacco Documents Library）というたばこ基本和解合意の結果として作られたたばこ産業に関する文書のオンラインコレクションからの手紙や報告をもとにしている。
* 12　訳注：レガシーたばこ文書館は，2015年にトゥルースたばこ産業文書（Truth Tobacco Industry Documents）に名称を変更した。また，米国では1990年代に，大多数の州が，たばこによって医療費がかさんだことを理由として，たばこ会社を訴えた事件があった。この事件の和解として結ばれたのが，たばこ基本和解合意（Tobacco Master Settlement Agreement）になる。
* 13　訳注：ハフの文章の全文は，トゥルースたばこ産業文書のウェブサイト https://www.industrydocumentslibrary.ucsf.edu/tobacco/docs/qhmy0042 から読むことができる[12]。
* 14　訳注：1.20という死亡率の比を指す。

ループ*15 の実際の死亡率の比が小数点以下まで分かっているように見える。読者は，この図を解釈する際に，かなり精確な数値に見えるものが近似値に過ぎないという知識を持ち出す必要がある。そして，添付されている有意性に関するくだり（「5％の水準」）からは，実際に分かることが2番目のグループが1番目のグループより死亡率が本当に高いことのオッズが19対1である*16 ことしかないということが知れる。一方のグループともう一方のグループを比べたとき，実際の増加量は，提示された20％よりずっと少ないかもしれないし，多いかもしれない。

この引用の前半については，ハフをほめたいと思う。統計的に有意であることは，小数第2位まで精確な数値が分かることは意味しない（この数値を表したかったら，信頼区間の方がずっと適切だっただろう）。だが，その次に，ハフは有意水準から，死亡率に実際に差がないのは19対1のオッズだと主張している。つまり，ハフはp値を結果が偶然である確率であると解釈しているのだ。

ハフですら基準率の誤りから逃れられなかったのだ！ 「2番目のグループが1番目のグループより死亡率が本当に高い」オッズは分からない。分かるのは，「真の死亡率の比が1だった場合，20回実験すれば死亡率の比が1.20より大きい結果が得られるのが1回しかない」ということだけだ。

ハフが過度に精確な数値であると文句を言っていたのは，実際には不可能な精確さだったのだ。K・A・ブラウンリーが，このコメント，およびハフが原稿の至るところで述べた同様の見解を読んで文句を言わなかったことは注目に値する。ブラウンリーは，かわりに，ハフが本来オッズを20対1とすべきところを誤って19対1としているという旨の指摘を1か所でしている。一層根本的な問題である基準率の誤りが潜んでいることにブラウンリーが気づいたようには見えない。

---

*15 訳注：非喫煙者と喫煙者のことを指す。
*16 訳注：オッズを使わずに，確率で表現すれば，「2番目のグループが1番目のグループより死亡率が本当に高い」確率が$\frac{19}{20}=0.95$で，そうでない確率が$\frac{1}{20}=0.05$だということになる。

4.1.4 基準率の誤りに対して武器を取る

　先進的なガン研究や早期のガンのスクリーニングを行う場合でなくても，基準率の誤りにはまることがある。社会調査を実施する場合はどうだろうか。例えば，米国人の自衛のための銃使用がどれだけの頻度であるのか調査したいとしよう。銃規制に関する議論は，結局のところ，自衛の権利に集中している。このため，銃が自衛のために広く使われているかどうか，そして自衛のための銃使用という利点が銃による殺人などの否定的な側面に勝っているかについて確認することが重要になる。

　こうしたデータを集める方法として，調査（survey）がある。調査を通じて，米国人を代表する標本に対して，銃を持っているかどうか，持っているとしたら盗みなどを目的とした住居侵入から家を守ったり路上強盗から身を防いだりするために銃を使ったことがあるかを問うことができるだろう。こうして得られた数値を，法執行機関の統計[*17]から得られる殺人での銃使用の数値と比べる。そうすることで，データに基づいて，銃規制の利点がその欠点を上回っているかを判断できるだろう。

　このような調査は実際に行われたことがあり，興味深い結果を残している。1992年に行われた電話調査によれば，この年の米国の民間人による自衛のための銃使用は250万回にのぼると推定されている。大まかに言って，そのうち34%が盗みなどの犯罪目的の住居侵入に対してのものだった。つまり，84万5000件の住居侵入が銃の所有者によって防がれたことになる。しかし，1992年には，誰かが家にいるときに発生した犯罪目的の住居侵入は130万件しか起きていなかった。そのうちの3分の2は，家の所有者が寝ている間に発生し，侵入者が去った後に発覚したものだった。つまり，家の所有者が家で目覚めていた状況で侵入者と対面した住居侵入は43万件あり，私たちがそう信じこまされているように，そのうち84万5000件が銃を携帯する住人に阻止されたことになる[3]。

　あれれ。

[*17] 訳注：米国では，警察（police）以外にも犯罪捜査に当たる公的組織が多数存在し，それらをまとめて法執行（law enforcement）機関と呼ぶ。よって，「法執行機関の統計」は，日本の感覚からすれば，「警察統計」という意味になる。

このことについての説明の1つとして，盗みなどを目的とした住居侵入で報告されているものが非常に少ないということが想定できる。盗みなどを目的とした住居侵入の総数は，全国犯罪被害調査*18 を典拠としている。この調査は，何万人もの米国人に対して，犯罪に関する経験について詳細な対面調査を行うものだ。もしかしたら，銃器で侵入者を撃退した回答者は犯罪について報告しなかったのかもしれない。撃退したのならば，結局何も盗まれずに侵入者は逃げ去ったのだから。ただ，この食い違いを説明するには，報告されていない住居侵入が大量にあると考える必要があるだろう。この場合，家の所有者が目覚めていたときに発生した住居侵入の少なくとも3分の2が報告されていない必要がある。

　もっと信じられそうな説明は，電話調査が自衛のための銃の使用を過剰に見積もったという説明だろう。どうやって過剰に見積もったのだろうか。マンモグラフィーが乳ガンにかかっていることを過剰に見積もったことと同じようなしくみによって過剰に見積もったのだ。ここでは，偽陽性の可能性の方が，偽陰性の可能性よりずっと高い。99.9%の人が前の年に自衛のために銃を使用したことがないのに，ふざけたり，ずっと昔に起きた事件を誤って去年起きたと思ったりするなどの理由で，そのうち2%が「はい」と答えれば，真の割合である0.1%が，21倍にふくれあがって2.1%近くになる。

　偽陰性の方はどうだろうか。先週強盗を銃で撃ったばかりなのに「いいえ」と答えた人が存在することで，埋め合わせることができるだろうか。回答者が銃器を不法に所持していたり，銃器の使用を電話口で知らない人に伝えたくないということはあるかもしれない。しかし，たとえそうであっても，実際に銃を自衛のために使った人がほとんどいなければ，偽陰性となる可能性はほとんどない。銃を使用した人の半分が使用したことを電話調査で認めなかったとしても，銃を使っていないのにウソをついたり勘違いしたりした人の割合に比べれば，ずっと少ない。こうして，調査の結果は20倍も多い値になるのだ。

　ここでは，偽陽性率がとても大きな誤りを生む原因になっている。このため，

---

*18　訳注：米国における全国犯罪被害調査（National Crime Victimization Survey; NCVS）とは，1973年から行われている犯罪被害に関する調査で，米国国勢調査局と司法統計局によって実施されている。

犯罪学者はこれを減らすことに注力している．そのための良い手法として，非常に綿密な調査を行うことが挙げられる．司法省によって行われている全国犯罪被害調査では，綿密な対面調査を手法として採用している．この対面調査では，犯罪の詳細および自衛のための銃の使用の詳細を回答者にたずねている．犯罪被害者になったと答えた回答者だけに，どうやって自衛したかが問われる．だから，自衛についてウソをついたり正確に覚えていないと答える可能性があるのは，犯罪被害者となったことについてもウソをついたり正確に覚えていない場合に限られる．全国犯罪被害調査では，同じ回答者に定期的に対面調査することで，よくある問題の1つである日付の記憶の不正確さについて見いだそうともしている．もし，回答者が過去6か月以内に犯罪被害者になったことがあると報告した場合でも，6か月前の調査で同じ犯罪が数か月前にあったと回答者が報告していれば，調査者はその食い違いを回答者に気づかせることができるのだ．

1992年の全国犯罪被害調査では，自衛のための銃の使用の件数として例の電話調査に比べてぐんと小さい値を推定値として出している．その推定値は年間6万5000件程度で，百万件単位ではない[4]．この値は，盗みなどを目的とした住居侵入に対する自衛だけでなく，路上強盗・強姦・暴行・車両盗難に対する自衛も含んでいる．それでも，電話調査から推定された値の40分の1近く少ない．

一般にそう考えられているように，世の人たちは，連邦政府の機関に対して不法な銃使用を告白することを不安に思っているかもしれない．最初の電話調査の報告書の作成者は，ほとんどの自衛のための銃使用には不法な銃所持が関わっていると主張している[5]（このことは，別の問題を提起することになる．なぜこんなに多くの被害者が不法に銃を所持しているのだろうか）．このことが，全国犯罪調査の結果を低めに偏らせるものとしている．おそらく，事実は中間のどこかにあるのだろう．

残念なことに，電話調査でのふくれあがった数値は，いまだに銃所持の権利を擁護する団体によってしばしば引かれていて，銃の安全性に関する公の議論に誤った情報を示すことになっている．一方で，全国犯罪被害調査の結果は，はるかに低い値で安定している．銃規制に関する議論は，もちろん単一の統計

値よりもずっと複雑なものだ．しかし，情報をよく理解した上での議論というものは，正確なデータがあってはじめて可能になるものなのだ．

4.2 最初に成功しなかったら，もう一度，もう一度

基準率の誤りは，統計的に有意な結果が，$p<0.05$ という有意水準から予期されるところよりも頻繁に偽陽性になることを示す．有意性検定が1回では済まないことがよくある現代の研究では，この誤りの影響はさらに大きなものになる．研究にあたっては，最も重要な効果を探し出すために，さまざまな要因を比較することがしばしばある．

例えば，図 4.2 に描かれているように，ニキビに対する効果をゼリービーンズの色ごとに検定することを通じて，ゼリービーンズがニキビを引き起こすかどうかを調べる状況を想像してみよう．

マンガに示されているように，比較を何度も行えば，偽陽性が起きる可能性が何度も出てくることになる．検定を実施すればするほど，少なくとも1か所で偽陽性となる確率は高くなるのだ．例えば，まったくニキビを引き起こさないゼリービーンズのフレーバー 20 種類に対して検定を行い，$p<0.05$ で有意となるような相関があるかを調べたとしたら，偽陽性となる結果が少なくとも1つ得られる確率は 64% になる．もし 45 種類のフレーバーに対して検定すれば，少なくとも1つが偽陽性となる確率は 90% という高い水準になる．もしかわりに相関がゼロでないか調べるために信頼区間を使ったとしても，同じ問題が起きるだろう．

> **解説**
>
> これらの数字の背後にある計算はとても単純なものだ．どれも真ではない n 個の独立した仮説に対して検定をするとしよう．有意水準を $p<0.05$ とする．このとき，n 回の検定で偽陽性の結果が少なくとも1回得られる確率は以下のとおりになる．
>
> $$P(偽陽性) = 1 - (1 - 0.05)^n$$
>
> $n=100$ のとき，偽陽性となる確率は 99% にまで上昇する．

多重比較の中には，ゼリービーンズ20色を検定する例ほど明白でないものもある。例えば，患者の症状を12週間にわたって追跡して，すべての週で有意な利益があるかを検定してみよう。さあ，これで12回比較することになる。危険な副作用の候補23種類について，副作用が発生するかを確かめてみるとしたらどうなるだろうか。ああ，罪深いことになってしまった。

原子力発電所への近さ，牛乳の消費量，年齢，男のいとこの数，好きなピザのトッピング，今の靴下の色，そして他の測定しやすい要因をたくさん問うような10ページの質問紙を送ってみよう。そのうちの少なくとも1つがガンと関係していることをおそらく発見することになるだろう。

量子物理学者は，これを**どこでも効果**（look-elsewhere effect; LEE）と呼ぶ。大型ハドロン衝突型加速器を用いたヒッグス粒子の探索のような実験では，新しい素粒子の存在を示す小さな異常を探すために，素粒子の衝突データを調べることが必要となる。例えば，5ギガ電子ボルト[*19]のエネルギーにおける1つの異常の統計的有意性を計算するために，物理学者は「5ギガ電子ボルトにおいて，これと同じ大きさの異常かこれよりも大きな異常に遭遇する可能性はどれだけあるだろうか」という問いを立てる。だが，物理学者が他のところを見る可能性もあっただろう。というのも，エネルギーの広い範囲で異常を探していて，そのうちどれもが偽陽性を引き起こすことがありえるからだ。物理学者は，このことについて説明を与えて偽陽性率を正しく制限する複雑な手法を発展させてきた[6]。

もし一度に多数の比較をした上で，しかも全体の偽陽性率を統制したければ，どの違いも実際には存在しないという仮定のもとで p 値を計算すべきだ。もし20種類の異なったゼリービーンズを検定したのならば，20種類のうち1種類がにきびを「引き起こす」結果になったとしても驚きはしないだろう。しかし，それぞれの比較が単独で成立しているかのように特定のフレーバーについて p 値を計算すれば，20種類のうちのどれでも良いから1種類というわけではなく，この特定のグループの運が良くて，ありえなさそうなことが起きた確率を

[*19] 原注：物理学者は，単位の名前として，極めて優れたものを使っている。統計学に転向した物理学者として唯一残念に思っていることが，ギガ電子ボルト，ジフィー，インバースフェムトバーンといった用語を用いる口実がなくなったことだ。

図 4.2　xkcd からとったランドール・マンローによるマンガ（http://xkcd.com/882/）

計算していることになる。そういうわけで，発見した異常が，実際よりもずっと有意なものに見えるのだ[7]。

　1980 年代の医学的試験に関する調査によれば，1 回の試験で治療に関する比較は平均 30 回行われていた。これらの医学的試験の半数以上において，研究

郵便はがき

恐縮ですが切手をお貼りください

112-0005

東京都文京区水道二丁目一番一号

勁草書房
愛読者カード係 行

(弊社へのご意見・ご要望などお知らせください)

・本カードをお送りいただいた方に「総合図書目録」をお送りいたします。
・HPを開いております。ご利用ください。http://www.keisoshobo.co.jp
・裏面の「書籍注文書」を弊社刊行図書のご注文にご利用ください。ご指定の書店様に至急お送り致します。書店様から入荷のご連絡を差し上げますので、連絡先(ご住所・お電話番号)を明記してください。
・代金引換えの宅配便でお届けする方法もございます。代金は現品と引換えにお支払いください。送料は全国一律100円(ただし書籍代金の合計額(税込)が1,000円以上で無料)になります。別途手数料が一回のご注文につき一律200円かかります(2013年7月改訂)。

愛読者カード

50433-6　C3033

本書名　ダメな統計学

ふりがな
お名前　　　　　　　　　　　　　　　（　　　歳）

　　　　　　　　　　　　　　　　ご職業

ご住所　〒　　　　　　　お電話（　　　）　－

本書を何でお知りになりましたか
書店店頭（　　　　　　書店）／新聞広告（　　　　　　新聞）
目録、書評、チラシ、HP、その他（　　　　　　　　　　　　）

本書についてご意見・ご感想をお聞かせください。なお、一部をHPをはじめ広告媒体に掲載させていただくことがございます。ご了承ください。

◇書籍注文書◇

最寄りご指定書店

市　　町（区）

　　　書店

書名	¥	( ) 部
書名	¥	( ) 部
書名	¥	( ) 部
書名	¥	( ) 部

※ご記入いただいた個人情報につきましては、弊社からお客様へのご案内以外には使用いたしません。詳しくは弊社HPのプライバシーポリシーをご覧ください。

者が多くの比較をしてしまったために，偽陽性の可能性が高くなってしまっている。このことにより，統計的に有意な結果の報告に対して疑問が投げかけられている。研究者は，統計的に有意な効果を発見したのかもしれないが，それは単なる偽陽性だった可能性がある[8]。心理学や他の統計を多用する分野で

も似たような状況が見られる。

　多重比較の問題を解決する手法が，いくつか存在している。例えば，ボンフェローニ法（Bonferroni correction method）では，普段と同じようにp値を計算するものの，n回比較したとしたら有意差があるとする基準を$p<\frac{0.05}{n}$にしなくてはならないとしている。この方法は，偽陽性の起きる確率を，$p<0.05$という基準のもとで1回だけ比較したのと同じぐらいに下げる。だが，想像がつくだろうが，統計的に有意だという結論を出すために一段と強い相関を要求してしまうことになるため，検定力は下がってしまう。いくつかの分野では，多重比較の問題についての認識が深まったために，ここ数十年で検定力が組織的に下がってしまっている。

　こうした実践上の問題に加えて，哲学的観点からボンフェローニ法に反対する研究者もいる。ボンフェローニ法には多重比較で検定されるすべての帰無仮説が真だという暗黙の仮定がある。だが，2つの母集団の違いがちょうどゼロだったり，ある薬の効果が偽薬とまったく同じだということはほとんどありそうにない。それならば，そもそもなぜ帰無仮説が真だと仮定しなくてはならないのだろうか。

　この反対意見をどこかで聞いたことがあると思ったとしたら，それは前に聞いたことがあるからだ。この反対意見は，一般に帰無仮説の有意性の検定に対して行われる議論で，ボンフェローニ法に限られたものではない。単にそれぞれの効果がゼロであるかを判断するだけのことに比べて，違いの大きさを正確に推定することの方がずっとおもしろい話だ。だから，有意性検定のかわりに信頼区間や効果量を使うほうが理にかなっているのだ。

4.3　脳イメージングでの燻製ニシン[20]

　神経科学者はfMRI[21]で研究を実施するときに，膨大な回数の比較をする。そうした研究では，被験者が何らかの課題をする前とした後に，脳の3次元イ

---

[20] 訳注：燻製ニシン（red herring）は，人の注意をそらすような重要でないことを指す。これは，猟犬の訓練の際に，獲物でないにおいを示すために燻製ニシンが用いられたことに由来する。訓練をしっかり受けていないと，燻製ニシンのにおいにだまされてしまうのだ。

メージが撮影される．撮影されたイメージは脳内の血液の流れを示し，さまざまな課題をするときに脳のどの部分が一番活発になるのかを明らかにする．

どうやって脳の領域で活発な場所を精確に判断するのだろうか．単純な方法として，脳のイメージをボクセル（voxel）と呼ばれる小さな立方体に分割するものがある．課題実施前と実施後とでイメージのボクセルを比較して血流の差異が有意だったとしたら，脳のその部分が課題に関わっているという結論を出すことができる．ここで問題となるのが，比較するボクセルが何千とあるために，偽陽性が出る可能性が非常に高くなってしまうことだ．

例えば，ある研究では「自由回答メンタライジング課題」[*22] が参加者に及ぼす効果が調査された[11]．被験者は「特定の感情価を有する社会的状況における個人を描写した一連の写真」を見せられ，「写真の中の人はどのような感情を感じているはずかを判断する」ことが求められた．この試験をしている間は，脳の感情・論理に関するさまざまな中枢部分が明るくなることが想像されるだろう[*23]．

データが分析され，課題実施中に脳のいくつかの領域で活動が変化することが分かった．イメージを比較することで，「メンタライジング課題」の前と後とで，脳内の 81 立方ミリメートルのとあるかたまりに $p=0.001$ の違いがあることが示された．

研究に参加した人？　いつもとは違って，参加で 10 ドルがもらえる大学の学部生ではない[*24]．被験者は 3.8 ポンド（およそ 1.72 キログラム）のタイセイヨウサケ[*25] で，「スキャンをした時は生きていなかった」ものだ[*26,27]．

神経学者は，しばしば，$p<0.005$ という厳格な閾値でもなお有意となるボク

[*21]　訳注：fMRI（functional Magnetic Resonance Imaging）とは，強い磁場の中にさらすことにより，脳内の血の流れを画像の形にする手法のことを指す．日本語にすれば，機能的磁気共鳴画像化となる．また，その手法を実施するための装置も fMRI と呼ばれる．
[*22]　訳注：他者の心の中に思い浮かんでいることを想像することをメンタライジングと呼ぶ．
[*23]　訳注：活発に活動している領域は，脳のイメージにおいて，明るくなった状態で示される．
[*24]　訳注：神経科学や心理学では，大学生に薄謝を払って実験に参加してもらうことが多い．
[*25]　訳注：タイセイヨウサケは，アトランティックサーモン（Atlantic Salmon）とも呼ばれ，北大西洋とそこに注ぎこむ河川に生息するサケ科の魚である．

セルが10個以上のかたまりになっていることを必須とすることで，この種の問題を抑えようとしている。だが，1回の脳のスキャンで何万個ものボクセルを見ることになるので，そうしても偽陽性はほとんど確実に現れる。ボンフェローニ法のような，何千回もの統計的仮説検定を実施した場合でも偽陽性率を抑える手法は，今では神経科学の文献において広く行われている。死んだサケの実験で示されたような深刻な誤りを犯している論文はほとんどない。しかし，不幸なことに，ほとんどすべての論文が，独自の方法でこの問題に対処している。241個のfMRIの研究に対して行われた検討によれば，統計的手法・データ収集方針・多重比較の補正方法の組み合わせが207種類に及んでいたという。このことによって，研究者は，統計的に有意な結果を出すために大きな融通性を得ることになる[9]。

4.4 偽発見率の統制

先に述べたように，ボンフェローニ法の欠点として，実験の検定力を大幅に下げてしまうことがある。このことによって，真の効果を発見できない可能性が高くなる。実は，ボンフェローニ法よりも洗練された方法が存在している。ただし，こうした方法は検定力への影響は少ないが，特効薬ではない。しかも，こうした手法は基準率の誤りの苦労から解放してくれない。pの閾値にまどわされて，「間違っている可能性は5%しかない」と誤って主張してしまうことはありえる。ボンフェローニ法のような手法は，偽陽性をいくつか消すのに役立つだけのものにすぎない。

---

*26 原注：「スキャン中のサケの動きを制限するために，ヘッドコイルの中にフォームパッドが置かれたが，被験者の動きが例外的に小さかったために，それはおおむね不要であることが分かった。」

*27 訳注：脳のどの部位が働いているかを調べるためには，少なくともfMRIをかけられる生物が生きている必要がある。しかし，ここではすでに生きていないわけだから，実験としてまったく無意味なものになっている。なお，この実験をした人たちは，生きていないタイセイヨウサケの脳の活動を真面目に調べたかったわけではない。むしろ，統計の手法を乱用すれば無から有を生むこともありえるということを示し，統計手法をしっかりと使うように勧めるために，あえて意味のない実験をしたのだ。ちなみに，このタイセイヨウサケに対して行われた研究は，2012年のイグノーベル賞を受賞している。

4.4 偽発見率の統制

　科学者がもっと興味を持っているのは，偽発見率の統制だ。つまり，統計的に有意な結果が偽陽性である割合の統制だ。この章の冒頭に出てきたガン治療の例では，統計的に有意だった結果のうち，優に3分の1が偶然で，偽発見率は38%だった。もちろん，どれだけの薬が本当に効果があったのかが分かったのは，あらかじめその数を言ったからに他ならない。一般的には，検定の対象となった仮説のうち，いくつが真であるかを知ることができない。山勘で偽発見率を求めることはできるだろうが，理想を言えば，データから偽発見率を知りたいところだろう。

　1995年，ヨアヴ・ベンジャミーニとヨセフ・ホッホベルクが，どのp値を統計的に有意だと考えるべきかについて見分けるための非常に簡単な方法を考案した。今まで数学的に詳しいことは触れないでいたが，この手続きがどれほど簡単かを示すために，数学的な話を述べようと思う。具体的には以下のとおりになる。

1. 統計的検定を行い，それぞれの検定についてp値を求めよう。そして，p値のリストを作って昇順に並べよう。
2. 偽発見率を選んで，それをqとしよう。そして，統計的検定の数をmと呼ぶことにしよう。
3. $p \leq \frac{iq}{m}$となるようなp値のうち最大のものを見つけよう。ただし，iは並び替えられたリストの中で，p値が何番目に位置するかを示すものとする。
4. そのp値とそれより小さいp値を統計的に有意であると見なす。

　できた！　この手続きは，すべての統計的に有意な結果のうち，平均してq%を超えて偽陽性になることはないということを保証する[10]。この手法は直感的なものだと思う。もし偽発見率を小さくしたい（qが小さくなる）か，比較をたくさんする（mが大きくなる）のならば，pの閾値は保守的なものになるのだ。

　このベンジャミーニ＝ホッホベルク法（Benjamini-Hochberg procedure）は高速かつ有用で，統計学者と科学者に広く用いられてきた。この手法は，遺伝子

と病気の間の関係を見るといった何百個もの仮説のうちほとんどが偽だと想定される状況に特に適している（大多数の遺伝子は特定の病気に対して何の関係もない）。通常，この手法は，ボンフェローニ法に比べて検定力が良い。しかも偽発見率は，偽陽性率よりも解釈しやすいのだ。

ヒント

- $p<0.05$ は結果が偽である確率が5%であることと同じではないことを覚えておこう。
- もし複数の仮説を検定したり，多数の変数の間の相関を探し求めていたりするのならば，偽陽性が過剰になるのを抑えるために，ボンフェローニ法やベンジャミーニ＝ホッホベルク法といった手法（あるいはそこから派生した手法や改良された手法）を使おう。
- もし神経イメージングのように，自分の研究分野で日常的に複数の検定を行うようであれば，データをうまく扱うために特別に開発された実践と技法のうち最も良いものを学ぼう。
- （マンモグラフィーの例で見たように）与えられた結果が偽陽性である確率を計算するために，基準率の事前推定をすることを学ぼう。

第5章　有意性に関する間違った判断

　人を惑わせる結果を得るための優れた方法として，過剰なほど統計的有意性検定を使うというものがある。だが，明示的に検定していない違いについて有意性を主張することもありえる。まぎらわしいエラーバーを見て検定が不要だと思いこんでしまうかもしれないし，2つの治療法における統計的有意性の違いを見て両者の間に統計的有意差があると思いこんでしまうかもしれない。まずは後者の問題から見てみよう。

5.1　有意性の有意でない違い

　「治療法Aと治療法Bを偽薬と比較した。治療法Aは偽薬に比べて有意な利点が見られたが，治療法Bは統計的に有意な利点がなかった。ゆえに，治療法Aは治療法Bより優れている。」

　こんな話を聞くことがいつもあるだろう。これは，薬物治療，外科的処置，薬や手術によらない治療，それに実験結果を比較するときの簡単な方法だ。そして，単純明快で，意味があることのように思われる。

　しかし，有意性があるかないかの違いが存在していたとしても，常に差が有意になるわけではない[1]。

　その理由の1つとして挙げられるのが，$p<0.05$という閾値が恣意的に決められているということだ。一方が$p=0.04$でもう一方が$p=0.06$になるといった，よく似た結果を得ることはありえる。このとき，各々が閾値より大きい側

と小さい側に分かれているということだけから，誤って両者がはっきり違うと言ってしまうのだ．2つ目の理由として挙げられるのが，p値は効果量を測定したものでないということだ．つまり，同じようなp値だったとしても，効果がいつも同じようになるとは限らない．統計的有意性がまったく同じ結果だったとしても，互いに矛盾することはありえるのだ．

　それよりも，検定力について考えてみよう．新しい実験的な薬のフィクシトルとソルヴィクスを偽薬と比べる場合，良好な検定力を得るために十分な数の被験者がいなければ，その効果に気づかないことがあるかもしれない．もし，2つの薬の効果が同一だったとしても，50%の検定力しかなければ，フィクシトルには有意な利益があってソルヴィクスにはないと言ってしまう可能性がそれなりに出てくる．もう1回試験を行えば，逆にソルヴィクスに利益があってフィクシトルにはないといった可能性も同じぐらい出てくるのだ．

　この計算は結構簡単だ．偽薬と比較した場合，2つの薬には同一のゼロでない効果があるとしよう．そして，この実験の検定力をBとしよう．つまり，薬が与えられた各実験群と偽薬が与えられた統制群との間で違いが検出される確率がBだ．よって，ソルヴィクスの効果を検出できずにフィクシトルの効果だけを検出できる確率は，$B(1-B)$となる．フィクシトルの効果を検出できずにソルヴィクスの効果だけを検出できる確率も同様に$B(1-B)$となる．この2つの確率を合計すれば，一方に有意な効果があって一方に有意な効果がないという結論に至る確率は，$2B(1-B)$になる．この計算結果は，図5.1に示されている．

　ここでは，個々の薬を独立に偽薬と比較するのではなく，薬同士を比較すべきだ．その際，2つの薬が同じぐらいの効果があるという仮説を検定することができるし，フィクシトルがソルヴィクスよりどれだけ有益なのかについての信頼区間を計算することもできる．もしこの信頼区間にゼロが含まれるのならば，2つの薬の効果は同じぐらいなのかもしれない．そうでなければ，一方の薬が明らかに勝っていることになる．このことは検定力を向上させはしないが，2つの薬が違うという誤った結論が出てくるのを防ぐことになる．有意性の差を追い求めがちな風潮を捨てて，差の有意性を確かめる方向に変えていくべきだ．

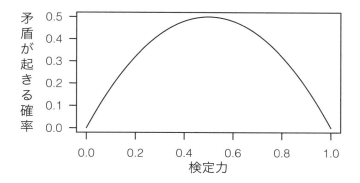

図 5.1 2 つの薬の効果が同一であるにもかかわらず，一方の薬に有意な結果が出て，もう一方の薬には有意でない結果が出る確率 $2B(1-B)$ を示したグラフ。検定力が非常に低いときは，どちらの薬も有意でない結果が出る。そして，検定力が非常に高いときは，どちらの薬も有意な結果が出る。

この微妙な違いは，**再現研究**（replication study）の結果を解釈するといったときに，気に留めておくべき重要なことだ。なお，再現研究とは，科学者が先行研究の結果を再現しようとすることを指す。再現研究の中には，「原論文では有意な結果が得られたが，より注意深く実施されたこの研究では有意な結果が得られなかった」といった形で，有意性に関して否定的な結果をこしらえるものがある。しかし，最初の研究で報告された効果を検出するために十分な検定力があるように再現実験を計画したとしても，事実の誇張があるかもしれないのだ。最初の研究は，効果を大げさに述べることになっていたのかもしれない。小さな効果を検出するには大きな標本が必要になるから，再現実験の本当の検定力は想定よりも小さい可能性がある。そして，先行研究と一貫しているのに，統計的に有意でない結果を得ることは，完全にありえることなのだ。

他の例を見てみよう。2007 年，ナンバーセブン・プロテクト & パーフェクト・ビューティー・セラムに皮膚のしわを減らす効果がある可能性を示した臨床試験について，BBC が報道した後，この美容液は英国の薬局チェーンのブーツで最も売れた商品となった[*1]。『ブリティッシュ・ジャーナル・オブ・ダーマトロジー』（*British Journal of Dermatology*）に掲載された試験によれば，

この美容液により，被験者の43%でしわが減ったという。これは統計的に有意な改善だった。これに対して，同じ美容液で有効成分が入っていないものが与えられた統制群では，22%の被験者しか改善せず，統計的に有意な改善とはならなかった。そして，論文の執筆者が論文中でグループ間の差は統計的に有意でないと認めざるを得なかったにもかかわらず，この結果から，しわの抑制にはこの美容液が最善だということが科学的に証明されたと盛んに宣伝されることとなった[2]。

不幸なことに，こうした統計の誤用は企業のマーケティング部門に限られたものではないのだ。例えば，神経科学者はグループを比較するのに誤った手法をしばしば用いてきた[3]。読者は，兄が複数いる男性は同性愛者になりやすいということを示唆する2006年の研究についてのニュースを覚えているかもしれない[4]。だが，どうやってこの結論に至ったのだろうか。この研究論文の執筆者はこの結果について，さまざまな要因が同性愛に及ぼす影響について分析した際に，兄の数だけが統計的に有意な影響を示したと説明している。姉の数や非生物学的な兄（つまり養子の兄や親の再婚でできた兄）の数は，統計的に有意な影響を及ぼさなかった。しかし，今まで見てきたように，このことは，さまざまな影響の間に統計的有意差が存在することを保証するものではない。実際，データを詳しく見てみると，兄を持つ影響と姉を持つ影響との間に統計的有意差は存在しないように見える。残念なことに，比較するためのp値の計算をするには，論文の中に載っているデータでは足りない[1]。

このように決定的でない結果を誤って解釈することは，どの薬や食事が良いか悪いかを医者が決められないような印象を一般人に与える。例えば，高いコレステロール値が心臓病と関連していることから，血中コレステロール値を下げるスタチンという薬は非常に人気があるものになっている。しかし，このコレステロール値と心臓病との関連は，コレステロール値を下げることが患者にとって有益であることを証明するものではない。そこで，「心臓血管系疾患の病歴がない患者について，スタチンは死亡率を引き下げるのか」という問題に答えるために，何万人もの患者の記録を再分析する一連の大規模メタ分析が5

---

*1 訳注：ナンバーセブン（No7）は，ブーツ（Boots）がやっているスキンケア関係のブランド。

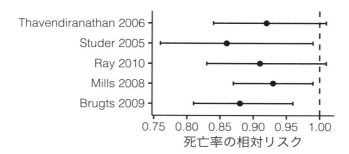

図 5.2 5つの異なった大規模メタ分析で推定されたスタチンを服用した患者の死亡率の相対的リスクの信頼区間。相対リスクが1より小さいことは，統制群より死亡率が低いことを示す。メタ分析には，主著者の名前と公刊年で名前を付けてある。

つ行われた*2。

　これらの研究のうち3つが，スタチンが死亡率を引き下げるという結論を出した。これに対して，残りの2つは，スタチンが役に立つかを示す十分な証拠はないという結論を出した[5]。これらの論文を読んだ医者・患者・記者はきっと混乱しただろう。そして，スタチンに関する研究は相互に矛盾していて，決定的なものではないと考えたかもしれない。だが，図5.2に描かれた信頼区間からも分かるように，これら5つのメタ分析はスタチンの効果について似たような推定をしていた。相対的なリスクの推定値はみな0.9あたりにあった。これは，試験期間中にスタチンを服用した患者で死んだ人が10%少なくなったことを意味する。5つの研究のうち2つの研究で，相対的なリスクが1になるところに信頼区間がかかっていた。このことは，処置群と統制群の間で違いがないことを示すのだが，この2つの研究の効果量の推定は他の研究とうまく合致するものだった。ここから研究の間に深刻な不一致があると主張するのは，馬鹿げたことだろう。

---

*2　訳注：コレステロール値と心臓病の関係およびコレステロール値とスタチンの関係が明らかになっただけでは，心臓病とスタチンの関係は，コレステロール値を介した間接的な関係にしかならない。そこで，心臓病とスタチンを直接つなぐことができるようにメタ分析が行われたのだ。

5.2 有意性のためのいやらしい目つき

　前節において，フィクシトルとソルヴィクスを比較したければ，それぞれを偽薬と比較するのではなく，両者を直接比較すべきだと述べた。なぜそうしなくてはならないのだろうか。両者の信頼区間を見てそれが重なっていないかを確かめるだけで済ますことはなぜできないのだろうか。もし信頼区間が重なっていれば，2つの薬は同じ効果で，有意差があることは決してないと考えるのが，もっともなことではないだろうか。実際，有意差が存在するかを判断するために，科学者は日常的に，図5.3のような図を用いて目分量で見ている。

　図中に描かれた2つの点が，各々10人の患者からなる2つの異なったグループで，何らかの病気から回復するまでの推定時間を示していると考えてほしい[*3]。これらのエラーバー[*4]の幅は3つの異なったことを表しうる。

1. 測定の標準偏差の2倍。各々の観察点がどれだけ平均から離れているかを計算し，その差を二乗し，その結果を平均して平方根を取る。これが標準偏差（standard deviation）で，測定されたものが平均からどれだけ散らばっているかを示す。標準偏差のバーは，平均から標準偏差1個分下のところから標準偏差1個分上のところまで伸びている。
2. 推定量の95%信頼区間（95% confidence interval）。
3. 推定量の標準誤差の2倍。これは誤差の幅を測るもう1つの手法だ[*5]。もし，同一の実験を何度も実施して，それぞれの実験からフィクシトルの有効性の推定量を1つずつ得たとしたら，標準誤差（standard error）はこれらの推定量の標準偏差になる。標準誤差のバーは，平均の標準誤差1個分下のところから標準誤差1個分上のところまで伸びている。一般的な状況では，標準誤差のバーは95%信頼区間の半分の幅になる。

[*3]　訳注：この点は，いわゆる点推定の結果に対応する。
[*4]　訳注：図中で，各々の点を貫くように上下に伸びている線がエラーバーである。
[*5]　訳注：推定量の95%信頼区間も誤差の幅を測る手法であり，これに加えて「もう1つ」の誤差の幅を測る手法として推定量の標準誤差があることを示す。

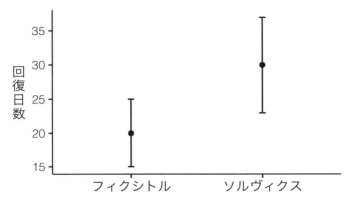

図 5.3 フィクシトルまたはソルヴィクスを用いた患者が回復するまでに要する時間。フィクシトルの方が効果があるように見えるが，エラーバーが重なっているところがある。

これら3つの概念の違いに注意することが重要だ。標準偏差は個々のデータ点の散らばりを測るものだ。フィクシトルを服用することで患者が良くなるまでどれだけの時間がかかるのかということを測っているのならば，標準偏差が大きいことは，この薬からもたらされる利益がほかの患者にもたらされる利益に比べてずっと大きい患者がいることを示す。これに対して，信頼区間と標準誤差は，この病気にかかった人の1人1人にフィクシトルを投与した場合に得られる真の平均と，標本から得られた平均がどれだけ離れているかを推定するものだ。だから，エラーバーが，標準偏差・信頼区間・標準誤差のどれを表しているのかを知ることは重要だ。しかし，論文ではそれが書かれていないことがしばしばある[*6]。

ここからは，図 5.3 に2つの 95% 信頼区間が描かれているものとしよう。両者に重なるところがあることから，多くの科学者はグループ間に統計的有意差はないという結論を出すだろう。やはり，グループ1とグループ2に違いはな

[*6] 原注：しかも，標準誤差のバーの幅が 95% 信頼区間のおおよそ半分の長さになるため，多くの論文で「標準誤差のバー」として報告されているものは，実際には平均の標準誤差2個分下のところから標準誤差2個分上のところまで伸びているもので，結局は信頼区間を描いてしまっている。

いのかもしれない。例えば、回復にかかる時間の平均は両方とも25日で、今回は単にグループ1が幸運だったために、違いが表れたのかもしれない。

しかし、このことは本当に差が統計的に有意でないことを意味するのだろうか。p値はどうなるのだろうか。

ここでは、t検定を使ってp値を計算できる。t検定は2つのグループのそれぞれの平均に統計的有意差があるかを調べるために使われる定番の統計的検定だ。そして、フィクシトルとソルヴィクスの数値をつなぎ合わせると、$p<0.05$となる。信頼区間が重なっていても、2つのグループの間には統計的有意差があるのだ。

残念なことに、多くの科学者は仮説検定のための計算を省き、グラフをちらっと見て、信頼区間が重なっているかを確認するだけで済ましてしまう。統計的有意差があっても信頼区間が重なることはあるのだから、こうすることは実際には非常に保守的な検定をすることに等しくなる。つまり、$p<0.05$を要求するより常に厳しくなるのだ[6]。そのようにすれば、有意差を取りこぼしてしまうだろう。

先に、図5.3のエラーバーは信頼区間を表すと仮定した。だが、標準誤差や標準偏差を表すとしたらどうなるだろうか。エラーバーが重なっているかを見るだけで、有意差を見つけることはできるだろうか。お分かりかもしれないが、エラーバーを見るだけではうまくいかない。標準誤差について言えば、信頼区間のときと逆の問題に直面することになる。2つの観測結果の標準誤差が重ならなかったとしても、その差が統計的に有意で̇ない̇ことはありえる。また、標準偏差は重なっていようがいまいが、有意性を判断するための十分な情報を提供しない。

心理学者・神経科学者・医学研究者に対する調査によれば、これらの学者の大多数が重なった信頼区間から有意性を判断し、標準誤差・標準偏差・信頼区間を混同していることが分かっている[7]。また、気候科学の論文に対する他の調査によれば、2つのグループをエラーバーで比較した論文の大部分がこの過ちを犯していることも分かっている[8]。ジョン・テーラーの『誤差分析入門』(*An Introduction to Error Analysis*)といった実験科学者のための入門教科書ですら、学生に対して目で見て判断するように教えていて、正式な仮説検定

についてはまったく触れないでいる。

　信頼区間を目で確認する手法がうまくいく場合が，1つだけある。それは，信頼区間を他の信頼区間ではなく，固定された値と比較する場合だ。もし数値がゼロであることがありえるかを調べたいのであれば，信頼区間がゼロに重なっているかを見て確かめてかまわない。もちろん，目で見て比較できる信頼区間を作り出す正式な統計手続きは存在している。しかも，この手続きは自動的に多重比較を修正してくれる。残念なことに，こうした手続きは特定の状況でしかうまくいかない。例えば，ガブリエル比較区間（Gabriel comparison interval）は目で見て簡単に解釈できるが，比較対象となっているグループの標準偏差がすべて同じでなくてはならない[9]。他の手続きを使えば，より一般的な状況に対応できるが，そうした手続きはおおよそのものでしかなく，しかも簡単に図示できるものではない[10]（変数の組み合わせとしてありえるものすべてに対して別々に検定を実施して，多重比較のためのボンフェローニ法を使うという別の手段もあるが，これは冗長で保守的なもので，他の手法に比べて検定力を引き下げてしまう）。

　信頼区間が重なっていることは，2つの値に有意差がないことを意味しない。そのように信頼区間や標準誤差を確かめることは誤解を招くことになるだろう。そうではなく，適切な仮説検定を用いるのが常に最良の手段となる。眼球はしっかりと定義された統計的手続きではないのだ。

ヒント

- 単に「こっちは有意で，あっちは有意でなかった」と言うのではなく，適切な統計的仮説検定を使って，グループを直接比較しよう。
- 有意差を目で判断してはならない。統計的仮説検定を使おう。
- 複数のグループを比較するときには，多重比較の補正をしなくてはならないということを思い出そう。

第6章　データの二度づけ

　前に，有意性検定を使いすぎることで発生する問題として，事実の誇張について議論した[*1]。研究者は，有意性を追い求めて，最も運が良く，最も誇張された結果しか選ばない。そうした結果しか有意性の関門を通過することができないからだ。しかし，これだけが研究を誇張された結果に偏らせる方法ではない。

　統計分析はしばしば**探索的**[*2]に行われる。探索的なデータ分析においては，あらかじめ仮説を選ぶことはない。データを集めて，どんなおもしろい詳細が飛び出してくるかを知るためにデータを突っつき回すのだ。理想的には，この探索を通じて，新しい仮説を生み出した上で，新たな実験をすることになる。この過程では，多くの図を描き，統計分析をいくつか試し，有望な手がかりを追究することになる。

　しかし，目的のないデータ探索では，偽陽性や事実の誇張を生み出す機会が多くなる。探索で興味深い相関を見つけたとしたら，一般的な手続きとしては，新しいデータセットを集めて，仮説をもう一度検定することになる。独立したデータセットを検定することで，偽陽性を取り除き，正当な発見を信用される

[*1] 訳注：第2.4節「事実の誇張」を参照のこと。
[*2] 訳注：「探索的」(exploratory) と対比される表現として，「確認的」(confirmatory) というものがある。自分の分析や研究が，探索的か確認的かをしっかり把握することは，統計について考えるときに非常に重要になる。この章でこれから見ていくように，探索的なものかどうかによって，扱いが変わってくることがあるためだ。両者の違いについては，118ページにある第9章の脚注9も参照のこと。

ものにすることができる（もちろん，発見が再現できるように，データセットに十分な検定力を確保する必要はある）。そのため，確認がなされるまでは，探索的に行われた発見は仮のものだと考えるべきだ。

　もし，新しいデータセットを集めな;か;っ;た;り;，新しいデータセットが以前のデータセットと強く関連していたりすれば，事実の誇張が帰ってきて，尻にかみつくだろう。

6.1　循環分析

　サルの脳に電極を埋めこみ，スクリーンに映す画像が電気信号とどう関連するのかについて示したいとしよう。目標は，脳の視覚情報の処理方法を理解することにある。そして，電極を使って，サルの視覚野のニューロン同士の情報伝達を記録する。調べたいことは，視覚的刺激を変えればニューロンの発火[*3]パターンも変わるか，ということになる。統計的に有意な結果が得られれば，最終的には「サルの心を読む」というニュースになるかもしれない。

　埋めこみ可能な電極が利用可能になった最初のころは，電極は大きくて一度にほんの少しのニューロンしか記録することができなかった。電極の位置が正確でなければ，有用な信号がまったく得られない可能性があったのだ。そのため，視覚に何らかの関係があるニューロンを確実にはっきりと記録できるように，サルが刺激を見ている間，電極をゆっくり動かすようにしていた。はっきりとした反応が見られれば，その場所に電極をとどめ，実験が始まる。ここから，探索的分析の結果が完全な実験によって確認されるのだ。

　電極を置くことは，探索的分析だ。サルが画像を見ている間，発火するニューロンが見つかるまで，ニューロンを試しつづけるのだ。しかし，ひとたび電極をとどめれば，そこから新しいデータセットを集めた上で，例えば，ニューロンの発火頻度から，サルが見ているのが緑の画像か紫の画像か分かるかということを試すことになる。新しいデータは以前のデータとは別のものだ。電極をとどめた場所でたまたま相関が得られただけなら，完全な実験において

[*3] 訳注：ここでは，ニューロンが刺激を受けて活発に活動することを，発火（firing）と表現していると考えてかまわない。

その結果を再現することに失敗するだろう。

現代の電極はぐんと小さく、ぐんと洗練されたものになっている。埋めこむものは、1個で10セント硬貨*4ぐらいの大きさで、たくさんの電極が含まれている。このため、先にチップを埋めこんだ上で、後から最も良い信号を示す電極を選ぶことができる。となると、現代の実験は、以下のような感じになるだろう。まず、サルにさまざまな刺激を見せて、電極でニューロンの反応を記録する。通常の背景発火頻度以上の反応を見せたかどうかについて、電極ごとに信号を分析する。これは、関心を持っているニューロンから信号を拾いあげていることを意味する（偽陽性率が高くなるのを防ぐために、この分析に対して多重比較の補正が行われるかもしれない）。

こうした結果をもとに、目標を外した電極で得られたデータを放棄し、残ったデータに対して、提示刺激によって発火パターンが変わるか、ということをさらにくまなく分析することになる。これは2段階の手続きからなる手法だ。最初に、良い信号で視覚に関係しそうな電極を拾いあげる。次に、信号が刺激によって変わるかをはっきりさせる。ここで、電極を動かす必要がなかったので、すでに集めたデータを再利用したくなる。しかし、これは本質的には散弾銃のような方法だ。つまり、たくさんの小さな電極を使えば、いくつかがきっと正しいニューロンに当たるはずだというものなのだ。良くなかった電極が取り除かれた後に、残った電極が異なった刺激に対する反応で異なった発火頻度になるかどうかを調べることになる。もし発火頻度が異なったものになっていれば、サルの脳で視覚を処理する場所について、何かが分かったことになるだろう。

いや、必ずしもそうはならない。この計画のままで進めたとしたら、同じデータを2回使うことになる。ニューロンと視覚的な刺激との間の相関を見つけるために用いられる統計的検定では、相関がないと仮定してp値を計算する。つまり、ニューロンはランダムに発火するという帰無仮説を仮定しているのだ。しかし、探索的段階の後は、視覚的刺激への反応において普通より多めに発火するようなニューロンを特に選び出していることになる。実際には、運良くう

---

*4 訳注：米国の10セント硬貨の直径は約18ミリメートルで、日本の1円硬貨に比べて一回り小さい。

まい具合になったニューロンだけを検定していることになるので，さまざまな視覚的刺激と関連があると常に想定すべきなのだ[1]。同じ実験を死んだサケに対して実施しても，肯定的な結果が得られるだろう。

　データの**二度づけ**（double-dipping）というこの問題は，やたらと誇張された結果をもたらすことがある。二度づけは神経電極に限られた問題ではない。以下に紹介する fMRI での試験もその一例だ。この試験は，刺激や行動を，脳の特定領野(りょうや)の活動と関連づけることを目的としている。MRI の機器は，脳のさまざまな部位の血流の変化を検出し，どの領野が刺激処理のために活発に動いているかを示す。現代の MRI の機器はとても解像度の高い像(イメージ)を出すので，あらかじめ脳の中で着目する領域を選ぶことが重要になる。あらかじめ選ばなければ，脳内の何万もの場所を比較しなくてはならないことになってしまう。そして，多重比較の補正を大量にしなくてはならない上，研究の検定力を大幅に引き下げてしまう。着目する領域は，生物学上の根拠や先に得られた結果をもとに選ばれる可能性もあるが，選ぶべき領域がないということもしばしばある。

　例えば，被験者にセイウチの画像とペンギンの画像という2つの異なった刺激を見せるとしよう。これらの刺激を処理する脳の部位が分からないので，セイウチによって引き起こされる活動と被験者が何も刺激を見ていないときの活動との間に違いがあるかを調べる単純な検定をする。ここで統計的に有意な結果が得られた領域に着目し，こうした領域に対して完全な分析をして，2つの刺激の間に活動パターンの違いがあるかを検定する。

　セイウチとペンギンが脳のある領域で同等の活性化を引き起こすとしたら，上記のふるい分けで，その領域をさらなる分析のために選択することになるだろう。しかし，ふるい分けのための検定は，偶然変動と雑音によってセイウチに対するかなり明確な活性化が引き起こされた領域も抽出してしまう。だから，完全な分析のときには，セイウチに対する活性化の方がペンギンに対するものよりも，平均して高めになる。そして，検定で想定している偽陽性率よりも何倍も多く，こうした存在しない差を検出することになるだろう。幸運な領域でしか検定していないから，そうなるのだ[2]。セイウチには本当の効果があるので，誤った相関を作り出したというわけではない。しかし，その効果をふくらませてしまったのだ。

もちろん、これは実際にはありえないようなわざわざ作られた事例だ。もし、着目する領域を両方の刺激を使って選んだとしたらどうなるだろうか。その場合、セイウチに対する活性化がペンギンに対するものより高めになると誤って信じることはないだろう。そのかわり、両方の効果が誤って誇張されてしまう。皮肉なことに、着目する領域を選択するために、厳格な多重比較の補正を使用するほど、この問題はひどくなってしまう。これは繰り返しになるが、事実の誇張という現象だ。平均かそれ以下の反応を見せた領域は、十分に有意でないために、最終分析には含まれなくなる。ランダム雑音が強かった領域だけが、さらなる分析に残ってしまうのだ。

　この問題を緩和する方法がいくつかある。1つの方法としては、データセットを半々に分けて、着目する領域を片方を使って選び、もう片方でさらに詳細な分析を実施するというものだ。だが、この方法は検定力を低下させるので、埋め合わせとしてデータをより多く集めなくてはならない。他の方法としては、着目する領域をセイウチやペンギンの刺激に対する反応以外の基準、例えば事前に知られている解剖学的知識を使って選ぶことが挙げられる。

　こうした決まりごとは神経イメージングの文献ではしばしば破られていて、40%程度の文献においてそうなっている可能性がある。そして、このことによって、相関が誇張されたり偽陽性が生み出されたりしてしまっている[2]。こうした誤りを犯している研究は、刺激と神経活動の間に、ランダム雑音と脳イメージングに内在する誤差を踏まえてありえそうな相関より強い相関を検出する傾向がある[3]。同様の問題は、遺伝学者が何千もの遺伝子のデータを集めてその一部を分析のために選んだり、疫学者が人口動態に関するデータを拾いあげて病気と関連するリスク因子が何かを探したりするときにも起きる[4]。

6.2　平均への回帰

　ある量を経時的に追いかけることを考えよう。ビジネスの業績、ある患者の血圧など、時間が経つにつれて変化するものなら何でもかまわない。日付を1つ決めて、そのときに目立つ対象をすべて選ぼう。最高の収益を得ている部類のビジネス、最も高血圧となっている部類の患者といったものだ。こうした対

象を次に測定したとき，何が起きるだろうか．

確かに最もうまくやっているビジネス，慢性的高血圧の患者はすべて選んでいる．だが，通常ではありえないくらい運がよかった四半期を経験したビジネスや，特にストレスが強い週を経た患者も選んでしまっている．こうした幸運な対象や不幸な対象は永遠に例外的な状況にとどまるわけではないだろう．こうした対象を数か月後にまた測定すれば，通常の状況に戻っているはずだ．

この現象は，**平均への回帰**（regression to the mean）と呼ばれる．これは血圧やビジネスに限られた特別な性質ではない．これは，幸運は永遠に続かないということを述べたに過ぎない．平均的に言えば，個々人の運は平均的なのだ．

フランシス・ゴルトン[*5]はこの現象を早くも1869年に確認している[5]．ゴルトンは，著名で傑出した人々の家系をたどった際に，著名な人々の子孫は著名でなくなる傾向があることに気づいた．著名人の子どもは，親を著名にした音楽や知能に関する卓越した遺伝子を引き継いだかもしれないが，親と同じぐらい著名であることはまれだった．後の調査で，身長にも同様のふるまいがあることが明らかになった．並外れて背の高い親から生まれた子どもは親よりも平均的な身長になっていたし，並外れて背の低い親から生まれた子どもは通常親よりも高い身長になっていた．

血圧の例に戻ろう．高血圧の患者を抽出して，実験的な薬を試すとする．血圧が高くなっているように見える理由にはさまざまなものがある．例えば，遺伝子が悪いのかもしれないし，普段の食事が悪いのかもしれないし，日取りが悪いのかもしれない．あるいは測定誤差かもしれない．遺伝子や普段の食事はほとんど変化しないものだが，他の要因は測定された血圧が日ごとに変わる原因となりえる．高血圧の患者を抽出したとき，そうした患者の多くが，単に日取りが悪かったか，血圧を測るときに腕に巻き付ける布である加圧帯が正しく調整されていなかっただけだったという可能性もある．

遺伝子は一生つきまとうものだが，正しく調整されていない加圧帯はそうではない．運の悪かった患者の運は，その患者の治療が行われたかどうかに関係なく，すぐにまずまずのところまで回復する．この実験は，単に被験者を選ぶ

[*5] フランシス・ゴルトン（Francis Galton, 1822-1911）は英国の遺伝学者で，統計に基づく遺伝学研究を実施した最も初期の人物として知られている．

際に使った基準によって，血圧改善の効果を発見する方向に偏ることになる。治療の効果を正確に推定するには，治療を行う処置群と治療を行わない統制群に標本をランダムに分ける必要がある。処置群の血圧改善の平均が，統制群よりも相当良いものだったときにだけ，治療が功を奏したと主張できるのだ。

平均への回帰のもう 1 つの例がテストの得点だ。検定力についての章で，個々の生徒の運が学校の結果の平均に大きな影響を与えるような小規模の学校では，ランダム変異が大きいことについて論じた[*6]。このことは，生徒の良さ，教師の良さ，そして運の良さが組み合わさった成績の最も良かった学校において，次年度の成績低下が予想されることを意味する。こうなるのは，単に幸運というものが一瞬のものであるためだ。不運についても同様だ。成績の最も悪かった学校は次年度の改善が予想される。このことは，学校の管理者にとっては自らの介入が功を奏したと納得させるものになるだろうが，実際には単に平均への回帰が起きただけに過ぎないのかもしれない。

最後に，1933 年という数理統計学の幼年時代にさかのぼる有名な例を挙げよう。ホレス・シークリストというノースウェスタン大学の統計学の教授が，『ビジネスにおける平凡さの勝利』(*The Triumph of Mediocrity in Business*) という本を出版し，非常に成功したビジネスはあまり成功しないようになる傾向があり，成功しなかったビジネスは成功するようになる傾向があるということについて論じた。つまり，ビジネスは平凡に向かう傾向があるということを示したのだ。シークリストの議論によれば，これは統計による仮構の存在ではなく，競争市場の力が作り出したものだという。シークリストは，大量のデータと多数の図を使用しただけでなく，ゴルトンの平均への回帰に関する業績までも引いて，自分の議論を立証しようとした。明らかにシークリストはゴルトンの論点を理解していなかったのだ。

シークリストの本は，『ジャーナル・オブ・ジ・アメリカン・スタティスティカル・アソシエーション』(*Journal of the American Statistical Association*) で，ハロルド・ホテリングという影響力の大きな数理統計学者[*7]によって批

[*6] 訳注：第 2.4.1 節「小さな極端なもの」を参照のこと。

[*7] ハロルド・ホテリング (Harold Hotelling, 1895-1973) は米国の統計学者・経済学者で，ホテリングの T^2 分布，ビジネスの立地，枯渇する可能性のある資源などの研究で知られ

評された．ホテリングは，誤謬を指摘した上で，同じデータを使ってビジネスは平凡から離れていく傾向にあることを簡単に示せると述べた．最も良かったビジネスとその後の衰退を取り出すかわりに，最も良くなる前の成長を追うのだ．そうすれば，決まって成長していることが分かるだろう．シークリストの議論は「本当は，問題となっている比率がふらつく傾向があるということ以外，何も示していない」のだ[5]．

6.3 停止規則

医学的試験には多額の費用が必要となる．多数の患者に対して，実験的な薬物治療を実施し，何か月もの間，症状を追うことは，相当の量の資源を消費することになる．このため，多くの製薬会社が**停止規則**（stopping rule）を発達させてきた．これは実験的な薬が実質的な効果を持つと明らかになった場合，調査者が研究を早めに終えることを許すものだ．例えば，試験は半分しか終わっていないものの，新しい薬に関して，症状に統計的有意差がすでに存在しているならば，研究者は結論をさらに強固にするためにより多くのデータを集めるのではなく，研究を終わらせてもよい．実際，効果があることをすでに知っている薬物治療を統制群に対して行わないことは，非倫理的だとされる．

しかし，下手に行われれば，早期にデータに手をつけることが，偽陽性をもたらしてしまう可能性がある．

2つのグループの患者を比較するとしよう．一方のグループはフィクシトルという新しい実験的な薬を服用し，もう一方は偽薬を服用するものとする．フィクシトルが効いているかを調べるために，血流中のあるタンパク質の水準を測定する．ここで，フィクシトルが変化をもたらすことはまったくなく，2つのグループでタンパク質の水準の平均が同じだとしよう．ただし，たとえそうだとしても，人によってタンパク質の水準は少しずつ異なることになるだろう．

それぞれのグループで100人の患者を用いるという計画を立ててはいるが，

ている．

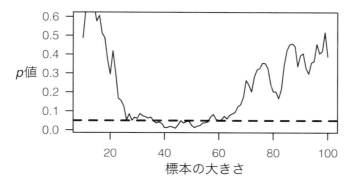

図 6.1 2人の患者が研究に新しく追加されるごとに，有意性検定を実施した結果。グループの間に真の差異はない。破線は，$p = 0.05$ の有意水準を示す。

最初は10人ずつで開始し，2人ずつ追加で集め，1人を処置群に，1人を統制群に加えていく。進めるたびに，2つのグループを比較する有意性検定を行い，タンパク質の水準の平均の間に統計的有意性があるかを見る。有意性があることを見いだしたら，早めに試験を停止することになる。すると，図 6.1 のシミュレーションのような結果が得られるだろう。

この図は，データを集めていくにつれて，グループ間の差異に関する p 値がどうなっていくかを表したもので，破線は $p = 0.05$ の有意水準を示す。最初は，有意差がないように見える。だが，データを集めていくと，p 値は破線を下回る。早めに停止していれば，誤ってグループ間に有意差があると結論づけただろう。さらにデータを集めて，はじめて違いが有意でないことに気づくのだ。

グループ間で本当の違いがないのだから，p 値が有意水準を下回るわけがないと思うかもしれない。つまり，データをさらに集めることで，結論がさらに悪いものになるわけがないだろうというわけだ。試験を再び実施した場合，最初からグループ間に有意差がなく，さらにデータを集めてもそのまま有意差がないままでいることはありえる。また，巨大な差が存在する状態で始まり，すぐに差がない状態に帰着することもありえる。しかし，もし十分長く待ちつつ，データ点が1つ加わるごとに検定すれば，任意の値の統計的有意水準を下回る

ことが出てきてしまうだろう。通常，無限の標本を集めることはできないので，現実にはこうしたことが常に起きるわけではないが，そうだとしても，うまく実施されない停止規則は偽陽性率を大きく上昇させるのだ[6]。

ここで，実験を実施する意図が重要になる。グループの大きさとして一定の数をあらかじめ決めておけば，p値はその特定の大きさのグループにおいてより極端な結果を得る確率になるだろう。しかし，結果によってグループの大きさを変えることを許しているので，このことを説明に入れてp値を計算しなくてはならない。逐次分析（sequential analysis）の分野全体が，多重検定を説明するためにより厳しいp値の閾値を選ぶか，他の統計的検定を使うかによって，この問題を解決する方法を発展させてきた*8。

早めに停止する規則がある試験は，偽陽性だけでなく，事実の誇張によってゆがめられる傾向がある。多くの試験が，薬が優れていたからではなく，幸運な患者がいた結果として早めに停止されている。試験を停止することで，差を知るために必要な追加データを得る機会が，研究者から奪われている。実際，停止された医学的試験では，早めに停止されなかった類似の研究に比べて，平均して29%効果を誇張している[7]。

もちろん，研究されているどんな薬についても，本当のところは分からない。それが分かっていたら，そもそも研究をしないのだから。このため，ある研究が早めに停止されたのが，運のせいなのか，本当に薬が良かったのかを見分けることはできない。しかし，多くの停止された研究では，あらかじめ想定した標本の大きさや研究終了を容認する停止規則について公開することすらしない[8]。試験を早めに停止することは，偏った結果だと自動的に決めつける証拠にはならないが，そういうことを示唆するものではある。

現代の臨床試験では，統計に関するプロトコルをあらかじめ登録することがしばしば要求される。そして，一般的には，1つの観察が終わるたびに検定するのではなく，証拠を検定するための少数の評価点を先に選んでおく。こうし

---

*8 訳注：逐次分析（sequential analysis）にはさまざまなものがあるが，例えば，(1) 有意差があると結論づける，(2) 有意差がないと結論づけるという2つの選択肢以外に，(3) 判断を留保してもっとデータを集めるという選択肢を用意することで，本文で述べられたような問題が起こりにくくするというものがある。

た**登録された研究**（registered study）は，偽陽性率を少ししか引き上げない。しかもここでの偽陽性率は，必要な有意水準と他の逐次分析の手法を慎重に選ぶことで説明できる[9]。しかし，他のほとんどの分野ではプロトコルの登録をすることがなく，研究者は自らが適切だと思う手法を何でも自由に使える。例えば，心理学者に対して調査をしたところ，半数以上が結果が有意かどうかを確かめた後にさらにデータを集めるかを決めたことがあると認めている。そして，こうしたことは公刊の際には通常隠される[10]。さらに，研究者がこうした疑問の余地がある研究上の実践を認めたがらないことを考えると，実際にそうしている研究者の比率はもっと高い可能性がある。

ヒント

- 自分のデータに基づいて分析手続きを決める場合は，分析そのものに使うデータとは別のものを使うようにしよう。
- 有意性検定を使ってデータの標本から最も幸運（あるいは最も不運）な人々を抽出した場合，将来の観察で幸運が続かないことに驚かないようにしよう。
- 停止規則をあらかじめ慎重に計画し，多重比較のための調整をするようにしよう。

第 7 章　連続性の誤り

　今までこの本ではグループ間の比較に注目してきた。偽薬と薬はどちらが効果的か，赤信号での右折を許す交差点はそうでない交差点より多くの犠牲者を生むのか，といったものだ。各グループについて，交通事故の平均件数のような1つの統計量を取り出し，これらの統計量がグループ間で有意な違いがあるかを見たのだった。

　だが，試験の対象を明確なグループに分けられない場合はどうなるのだろうか。肥満が健康に与える影響を研究する場合，研究に参加する個々人の血圧・血糖値・安静時心拍数などを測定するとともに，BMIを測定する。しかし，患者の中に，明確な2つのグループがあるわけではない。あるのは，低体重から肥満までの連続した範囲だ。例えば，この範囲の一方の端からもう一方の端まで見ていくとき，健康の傾向がどうなるかについて見いだしたいとしよう。

　こうした筋書きを扱う統計手法の1つとして，**回帰モデル**（regression model）というものがある。この手法は，各変数について**限界効果**（marginal effect）を推定するものだ。つまり，体重が1ポンド（およそ0.54キログラム）増えるごとに健康に及ぼされる影響を推定するもので，恣意的な境界で分けたときの各グループの違いを推定するものではないのだ。この手法によって，グループ間の単純な比較よりずっときめの細かい結果を得ることができる。

　しかし，科学者はしばしばデータを単純化して，回帰分析が必要になることを避けようとする。「過体重の人は心臓病になる可能性が50% 高い」と述べることは，「メトロポリタン相対体重[*1]が1単位増加するごとに，心臓病の対数

オッズ*2 が 0.009 増加する」とするよりも，臨床的な含みがぐんと分かりやすい。たとえデータの詳細をすべて捉えられる統計モデルを組み立てることが可能だとしても，統計分析者は，純粋に実践上の理由から，技術的に優れた分析よりも単純な分析を選ぶかもしれない。今まで見てきたように，単純なモデルだとしても，誤って用いられることがありえるし，データを単純化する過程でも多くの誤りが混入することがありえる。まずは，単純化の過程から見ていきたい。そして，次の章では完全な回帰をかわりに用いるときに犯しがちな過ちについて議論したい。

7.1 不必要な二分法

ありふれた単純化の手法として，連続的な測定がなされたものを2つの別々のグループに分けるという変数の二分（dichotomization）が挙げられる。例えば，肥満の研究の例では，患者を「健康」なグループと「過体重」のグループに分けることになるかもしれない。データをこう分けることで，正しい回帰モデルを選ぶことについて余計な心配をしなくてもよくなる。t 検定を使って2つのグループを比較するだけで済むのだ。

このことは，データを分ける場所をどうやって決めるのかという問題を生む。自然に分かれる場所が存在するかもしれないし，肥満のように広く認められた定義*3 が存在するかもしれない。だが，そういったものはしばしば存在しな

---

*1 訳注：メトロポリタン相対体重（Metropolitan relative weight）は，実際の体重をメトロポリタン生命保険会社が出した理想体重で割って 100 をかけたものを指す。つまり，実際の体重が理想体重とちょうど同じになれば，メトロポリタン相対体重は 100 になる。

*2 訳注：対数オッズ（log-odds）は，確率を別の形式で表現したものである。まず，あることが起きる確率と起きない確率の比を考える。この比のことをオッズ（odds）と呼ぶ。例えば，0.2 の確率で当たりが出るくじがあるとしよう。このとき，当たりが出ない確率は 0.8 となるので，このオッズは，0.2÷0.8=0.25 となる。対数オッズは，このオッズの対数を取ったものである。数式を用いて表せば，確率 P に対して，$\frac{P}{1-P}$ がオッズになり，$\log \frac{P}{1-P}$ が対数オッズになる。

*3 訳注：例えば，日本では，BMI が 25 以上の場合を肥満とする定義が広く使われているので，BMI に基づいて2つのグループに分けるなら，BMI が 25 になるところで分けるのが，1つの解決法として想定できることになる。

い。ありふれた解決方法として，データを標本の中央値で分けるというものがある。この方法は，**中央値分割**（median split）と呼ばれ，データを同じ大きさの2つのグループに分ける。この方法の問題点としては，同じ現象を研究している他の研究者が別のところで分けることになるため，メタ分析をするときに結果を比較したり集計したりすることが難しくなることが挙げられる[*4]。

中央値分割の代替手段として，グループ間のp値が最小になるような分割点を選ぶというものがある。これは，グループ同士が最も異なったものになるようにグループ分割方法を選ぶものと考えてよいだろう。想像がつくかもしれないが，この手法は偽陽性の可能性が高くなる。最も良いp値になる分割点を探すことは，本質的には，望む結果が得られるまで数多くの仮説検定を実施することを意味する。ここからもたらされる結果は前に多重比較について見たとき[*5]と同じだ。つまり，偽陽性率が10倍になるのだ[1]。効果量の信頼区間も誤解を招くほど狭いものになるだろう。

二分法の問題は，S期比率を研究した1990年代初めの乳ガンに関する多数の論文で生じていた。S期比率とは，腫瘍の中で，活発に新しいDNAを複製・合成している細胞の割合を指す。腫瘍学者はこの比率でガンの最終的な推移を予測できるかもしれないと考えていた。予測できれば，医者は患者に対する治療をさらに効率的に行えることになる。この問題を研究する科学者は，患者をS期比率が高いグループと低いグループの2つに分けた。

当然，「高い」と「低い」の分割点としては，p値が最も良くなる場所か中央値が採用され，研究によって異なるものが選ばれることになった。案の定，「最適」な分割点を選んだ研究では統計的に有意な結果が得られた。だが，多重比較を説明するための修正がなされると，どれも統計的に有意にならなかっ

[*4] 訳注：例えば，被験者の足の大きさを測った上で，中央値より大きいかどうかによって，足が大きいグループと小さいグループとに分けることを考えよう。ある研究者が標本を集めたときには，中央値が24.2センチメートルだったとする。また，別の研究者が標本を集めたときには，中央値が24.6センチメートルだったとする。このとき，足の大きさが24.4センチメートルの人は，前者では足が大きいグループに入れられるが，後者では足が小さいグループに入れられてしまう。足の大きさは変わらないはずなのに，グループが違ってしまうのだ。

[*5] 訳注：第4.2節「最初に成功しなかったら，もう一度，もう一度」を参照のこと。

た。

　それどころか，さらなる研究でも，S期比率と腫瘍の経過の予測の関係が示されつづけたのだが，その根拠は長らく貧弱なものだった。例の方法は，その欠陥が公になった後も，何年かの間，ガン研究で使われつづけた。ガンの予測因子研究に関する2005年の報告ガイドラインでは，「腫瘍学における腫瘍マーカーについて長年の研究と数百件の報告があるにもかかわらず，臨床的に有用なものとして明らかになったものは話にならないほど少ない」と指摘されている[2]。この問題の主な理由としては，検定力が足りないことのほかに，不完全な結果報告，標本抽出の偏り，「最適」な分割点の選び方が挙げられている。

7.2　統計上の灯火管制

　二分法の大きな欠陥として，情報を捨て去るということがある。この手法は，患者あるいは観察ごとに精確な数値を使うのではなく，観察されたものをグループに分けることで数値を捨て去ってしまうのだ。これによって研究の検定力が下がってしまう。多くの研究がもとから検定力が足りていない状況において，これは大きな問題となる。測定しようとしている相関の推定の精確さが失われるし，多くの場合，効果量を小さく見積もることにもなる。一般的に言えば，検定力と精確さがこのように失われることは，データの3分の1を捨て去るのと同じようなことになる[3]。

　肥満の健康への影響を測定する研究についての事例に戻ろう。例えば，患者をBMIに基づいて「正常」と「過体重」のグループに分けるとしよう。BMIが25であるところを正常の範囲の最大値であるとする（これは臨床上の実践で用いられている標準的な分割点だ）。しかし，こうすると，この分割点より大きいすべてのBMIについて，違いが失われてしまう。ここで，もし心臓病の割合が体重とともに増加するのであれば，割合がどれだけ増加するかを知ることがとても難しくなる。というのも，わずかに過体重である患者と病的な肥満である患者の間の違いが記録されていないからだ。

　他の見方から説明してみよう。「正常」なグループがBMIがちょうど24である患者から構成されていて，「過体重」のグループはBMIが26だったとし

よう。これら2つのグループの間に大きな違いがあれば，BMIがさして違わないのだから，驚くべきことになる。逆に，「過体重」のグループのBMIがみな36だったとしたら，大きな違いでも，あまり意外なものではなくなる。そして，BMIの1単位あたりの違いがずっと小さくなっていることが示唆されることになる。二分法はこの違いを消してしまい，有用な情報と検定力を失わせてしまう。

もしかしたら，2つのグループしか使わなかったのが馬鹿げた選択だったのかもしれない（例えば，低体重の患者はどうだろうか）。だが，グループの数を増やせば，個々のグループの患者の数が減ることになる。グループを増やすことでより詳細な分析ができるかもしれないが，各グループの心臓病の割合の推定量が少数のデータに基づくものとなってしまって，信頼区間は広くなる。そして，データを多くのグループに分けようとすればするほど，どこでデータを分けるのかという判断が増えることになる。そして，このことは，異なった研究を比較することを一層困難にし，研究者が偽陽性を作り出すことを一層容易にするのだ。

7.3 交絡した交絡

データを二分した後も統計的有意性を得るために十分なデータがある場合，二分することは問題になるのかと考えることがあるかもしれない。失われた検定力を追加のデータで埋め合わせることができさえすれば，統計分析を簡単にするために二分してもかまわないのではないだろうか。

これはもっともな議論だ。だが，データを二分しないで分析することはそんなに難しくない。回帰分析はよく使われている手法で，ほとんどすべての統計ソフトでサポートされているし，多くの書籍でも扱われている。回帰は二分法を必要としない。回帰は完全なデータを用いるので，分割点を選ぶこともないし，検定力が失われることもない。わざわざ水で薄めることはないのだ。だが，これよりもっと大事なこととして，二分法には検定力を失う以上の問題があるということが挙げられる。直感に反することだが，二分法は偽陽性をも生み出すのだ。

交絡因子を統制することに関心を持つことがしばしばある。この場合，結果変数とともに，2個か3個の変数（あるいは2ダースか3ダースの変数）を測定して，他の変数を統制した後に，各変数が結果に与える独自の効果をはっきりさせようとするだろう。2つの変数と1つの結果があるのならば，こうしたことは簡単にできる。ここの2つの変数をそれぞれ二分した上で，二変量分散分析表を使うのだ。分散分析（analysis of variance; ANOVA）は，単純で広く使われていて，主要な統計ソフトならばどれもがサポートしている手法だ。

残念なことに，起こりうる最悪なことは偽陰性ではない。二分して情報を捨て去ることで，交絡因子を区別できなくなるのだ[4]。

例を1つ考えてみよう。例えば，個人が受ける健康管理の質に，さまざまな変数が与える影響を測定するとしよう。健康管理の質——これは，調査を通じて測定されるかもしれない——が結果変数だ。予測変数として，被験者個人の純資産をドルで表したものと，被験者が個人で所有するヨットの長さという2つのものを測定する。

ここで予想されるのは，良質な統計的手続きを使えば，富は健康管理の質に影響を与えるものの，ヨットの大きさは影響を与えないという結論が導き出せるということだろう。たとえヨットの大きさが富とともに増える傾向にあるとはいえ，ヨットのおかげでより良い健康管理が得られるわけではない。十分な数のデータがあれば，同量の富を持つ人は，ヨットの大きさはさまざまだが，（あるいはヨットをまったく持っていないこともあるが，）得ている健康管理の質は同程度だということに気づくだろう。このことは，富が主要な要因であって，ヨットの長さがそうでないことを示している。

しかし，変数を二分することで，実質的にデータを4つに分けることになる。各予測変数は「中央値以上」か「中央値以下」にしかなりえず，それ以上の情報は記録されなくなる。こうなると，ヨットの長さが健康管理に対して何も寄与していないことに気づくのに必要なデータがまったく存在しないことになる。その結果，分散分析の手続きにより，ヨットと健康管理の間に関係があると誤って主張することになる*6。さらに問題なのは，この偽相関が統計的に有意

---

*6　訳注：本文の議論に従うと，「純資産もヨットの大きさも中央値以上」，「純資産は中央値以上だが，ヨットの大きさは中央値以下」，「純資産は中央値以下だが，ヨットの大きさ

になる確率が5%でないということだ。分散分析の観点からすると，これは真の相関で，この検定の検定力が認めるかぎり検出されてしまうものなのだ。

もちろん，ヨットの大きさが関係ないことは，たとえデータがなくても分かっただろう。ヨットの大きさを分析に含めないようにして，多くのやっかいごとから逃れることもできただろう。だが，普通は，どの変数が最も重要なのかはあらかじめ分かるものではない。その答えを教えてくれる統計分析に頼らざるをえないのだ。

回帰の手法を使えば，二分法をまったく用いずに，このデータを簡単に当てはめることができる。しかも，想定した率でしか偽陽性となる相関を引き起こさない（もちろん，富とヨットの大きさとの間の相関が強ければ強いほど，これら2つの効果を区別するのは難しくなる）。複数の変数を含む回帰の数理的理論は，かなりの量の線形代数が関わるため，多くの現役の科学者が理解したいところよりも高度になるかもしれない。だが，回帰の基本概念と結果を理解し，解釈することは簡単だ。これを使わない理由はない。

ヒント

- 適切な理由がないかぎり，連続的変数を恣意的に離散的なグループに分けてはならない。連続的変数の強みを完全に活かせる統計手法を用いよう。
- 連続的変数を何らかの理由でグループに分ける必要がある場合は，統計的有意性が最大となるようなグループを選んではならない。分割方法をあらかじめ定義し，類似した先行研究と同様の分割方法を用いるか，外部基準（例えば肥満や高血圧の医学的定義など）をかわりに用いるようにしよう。

は中央値以上」，「純資産もヨットの大きさも中央値以下」という4つのグループに分けられることになる。ここで，ヨットの大きさが富とともに増える傾向があるのだから，「純資産もヨットの大きさも中央値以上」というグループは，実質的にはかなりの金持ちのグループということになる。これに対して，「純資産は中央値以上だが，ヨットの大きさは中央値以下」はそれに比べればやや劣る金持ちのグループになる。富だけが健康管理に影響する場合，当然，かなりの金持ちのグループの方がやや劣る金持ちのグループに比べて健康管理の質が良くなる。しかし，本文に挙げられているダメな分析では，かなりの金持ちかやや劣る金持ちかという実質を見ていない。表面的にはヨットの大きさで分析しているので，ヨットが大きい方が健康管理の質が良くなるという結論が出てきてしまうのだ。

第8章　モデルの乱用

　回帰の話に移ろう。回帰は，最も単純な形式においては，直線をデータに当てはめることになる。つまり，データから結果を最もうまく予測できる直線の方程式を見つけることになるのだ。この方程式によって，BMIのような測定されたものを使って，血圧や医療費のような結果を予測できる。

　通常，回帰では2つ以上の予測変数が用いられる。BMIだけを用いるのではなく，年齢や性別，普段の運動量などを追加して用いることもあるだろう。患者の代表的標本から医療に関するデータを一旦集めれば，回帰の手法により，データを使って予測変数と結果との間の関係を表す最も良い方程式を見つけることができる。

　第7章で見たように，複数の変数を含む回帰は，研究中の交絡因子を**統制**（control）することを可能にする。例えば，クラスの人数が少ないほどテストの点数が良くなるという仮説のもとで，クラスの人数が標準化テストでの生徒の成績に与える影響について研究したいとしよう。回帰を使って人数と点数の関係を見つけ，クラスの人数が少なくなるほどテストの点数が上がるかを検定することができるだろう。だが，**交絡変数**（confounding variable）がある。

　関係を見いだした場合，そこからクラスの人数が原因だと説明するかもしれないが，原因はクラスの人数と点数の両方に影響を与える別種の要因である可能性もある。もしかしたら，予算が多い学校ほど多くの教員を雇うお金があってクラスの人数が少なくなるのかもしれない。そういった学校ほど，本を多く買うことができ，教員に高い給料を出すことができ，サポートする職員を多く

することができ，理科室を良くすることができ，その他生徒の学習に役立つものを手に入れることができるような金銭的余裕ができる。クラスの人数はもしかしたら何の影響も及ぼしていないかもしれない。

　この交絡変数を統制するためには，各学校の総予算を記録して，それを回帰方程式に含める必要がある。そうすれば，予算の効果をクラスの人数から引き離すことができる。もし似たような予算でクラスの人数が違う学校を調べれば，回帰の手続きによって，「同じ予算の学校について，クラスの人数が1人増えるごとにテストの点数がこれだけたくさん下がる」といった方程式を出すことができる。交絡変数はこのようにして統制される。もちろん，気づいていない交絡変数やどうやって測定するのか分からない交絡変数があって，それらが結果に影響することはあるかもしれない。すべての交絡変数を消し去ることができるのは，真にランダム化された実験だけだ。

　ここで紹介した簡単なもののほかに，回帰にはもっとたくさんの種類のものがある。2つの変数の間の関係が単純な一次方程式で示せないことはしばしばあるし，結果変数が血圧やテストの点数のように量的に測れるものではなく，カテゴリーに分かれるもの[*1]であることもある。患者の年齢や血圧，その他の生命徴候（バイタルサイン）から，患者が手術後に合併症を発症するかを予測したい場合があるかもしれない。こうした可能性を説明する手法にはさまざまなものがある。

　ただ，どんな種類の回帰でも，共通した問題をかかえている。まずは最も単純な問題で，データ分析での過度の熱意によってもたらされる，過剰適合についての話から始めよう。

8.1　データをスイカに当てはめる

　よくあるスイカの選び方の戦略として，たたいたときに特に鈍い音が出たスイカを選ぶというものがある。この音はおそらく新鮮なスイカの好ましい特徴からもたらされたものだろう。精確に測定する器具を使えば，どんなスイカでもその熟れ具合を音から予測することができるようなアルゴリズムを統計的に

[*1] 訳注：カテゴリーに分かれるものの例として，血液型がある。ABO血液型ならば，A型・B型・O型・AB型の4つのカテゴリーに分かれることになる。

見つけられるはずだ。

　私はこの問題に特に関心がある。と言うのも，かつて，スイカをたたいたときの音を記録できるように，手のこんだ加速度計をコンピューターにつなげる回路を作って調べようとしたことがあるからだ。だが，私はスイカ8個でしか試さなかった。これでは，熟れ具合を予測する精確なシステムを作るにはデータがとても足りない。だから，非常に精確にスイカの熟れ具合を予測すると主張した論文に出会ったとき，私は当然のように興奮した。この論文では，音を測定することで熟れ具合の変動を99.9%予測できるとしていた[1]。

　だが，考えてみてほしい。この研究では，回答者たちが43個のスイカを味見し，熟れ具合について5段階で評価した。回帰は，音響に関して測定したさまざまなものから熟れ具合の評価を予測するのに使われた。なぜ回帰方程式がここまで精確になりえたのだろうか。回答者たちに同じスイカをもう一度評価させたとしたら，自分自身の評価に99.9%の精度で一致することはおそらくないだろう。主観的な評価はそんなに一貫したものではない。どれだけ精巧な手法だったとしても，これほどまでの精度で予測することはできないだろう。

　何かがおかしい。この論文の手法をさらに慎重に検討してみよう。

　個々のスイカを1ヘルツから1000ヘルツの範囲の周波数で振動させ，周波数ごとに位相偏移（本質的に言えば，振動がスイカを通り抜けるのにどれだけかかるかということだ）を測定する。試された周波数は1600通りで，回帰モデルには1600個の変数があることになる。そして，それぞれの変数について，熟れ具合との関係を推定する必要がある。

　ここでは，スイカの数よりも変数の方が多いので，ぴったりな回帰モデルで当てはめることができる。直線がどの2つのデータ点にもぴったり当てはめられるのと同じように，43個の変数がある数式があれば，43個のスイカを測定したものにぴったり当てはめられるのだ。これは深刻なほどの過剰さだ。たとえ音響と熟れ具合の間に関係がまったくなくても，43個のスイカに対して100%の精度の回帰方程式を当てはめることができるのだ。これでは，（もし存在するならば）音響と熟れ具合の間の関係だけでなく，個人の評価と測定における偶然変動までも説明することになってしまう。モデルが完璧に当てはまると考えたとしても，新しいスイカで試したとしたら，そのスイカにはそれ自身

の測定誤差と主観的な評価があるので，このモデルは役に立たないことになる．

この研究の執筆者たちは，この問題を段階的回帰（stepwise regression）を使って回避しようとした．段階的回帰とは，回帰においてどの変数が最も重要かを選び出すためによく使われる手法で，最も単純なやり方では次のように行われる．まず1600通りの周波数を測定したものがどれもモデルに使われない状況から始める．1600通りの仮説検定を行い，どの周波数が結果に対して最も統計的に有意な関係があるかを調べる．最も統計的に有意だった周波数をモデルに加えて，残った1599個の周波数について同じことを繰り返す．この手続きを統計的に有意な周波数がなくなるまで続ける．

段階的回帰は多くの科学分野においてよく使われているが，この手法は一般に良くない考え方だ[2]．読者は，すでに多重比較という問題にお気づきかもしれない．仮定の上では，統計的に有意な変数だけをモデルに加えることで過剰な当てはまりを防ぐことになるのだが，非常に多くの有意性検定を実施すれば偽陽性は免れえない．だから，選ばれる変数のいくつかは偽のものになる．段階的回帰の手法は，全体の偽陽性率について，何も保証してくれないし，「最良」の定義が何であれ，「最良」な変数の組み合わせを選び出すことを保証してくれるわけでもない（段階的回帰の他の手法では，統計的有意性を用いずに他の基準を用いるが，それでも多くの同様な問題に直面することになる）．

だから，統計的有意性という見せかけがあったとしても，段階的回帰はとんでもない**過剰適合**（overfitting）を導きやすい．つまり，ほとんどぴったりデータに当てはまる数式でありながら，まったく別のデータセットで試せば役に立たないことが分かるようなものを生み出すのだ．試しに，まったく熟れ具合と相関がないスイカの測定値をランダムに生み出すシミュレーションをしてみたところ，相関がないにもかかわらず，段階的回帰では99.9%の精度でデータが当てはまった．選ばれる可能性がある変数が非常に多ければ，こうならない方がむしろ驚くべき結果になるだろう．

ほとんどの場合，段階的回帰は上記のような極端なものにはならない．選ばれる可能性がある変数が1600個もあるような状況は非常にまれだ．しかし，数ダースの変数がある100個の観察事例という控えめな状況だったとしても，段階的回帰は精度の推定と統計的有意性とで過剰な結果をもたらす[3,4]．

事実の誇張はもっと油断のならない問題だ。「統計的に有意でない」ことは「まったく影響がない」ことを意味しないという話を思い出そう。もし，選ばれる可能性のある変数が多すぎ，データが少なすぎるという先ほどの例のように，研究の検定力が不足していれば，各々の変数の効果を確実にゼロと区別するための十分なデータがないということになるかもしれない。そして，結果に及ぼす影響を過剰に高く見積もってしまうほど不運なときにのみ，変数をモデルに加えることになる。そうしたモデルは非常に偏ったものになるだろう（たとえ正式な段階的回帰の手法を用いていなかったとしても，モデルを単純にするために「有意でない」変数を切り捨てることはしばしば行われている。こうしたものについても，段階的回帰と同じ問題がもたらされる）。

段階的回帰には何種類かの方法がある。先ほど説明したものは，何もないところに変数を加えていくことから始めることから**前進選択**（forward selection）と呼ばれる。これとは別の方法として，**後退消去**（backward elimination）というものがある。これは，1600 個の変数をすべて含んだモデルから始め，統計的に有意でないものを 1 つずつ外していくというものだ（この手法は，スイカの例ではうまくいかない。1600 個の変数があるのに，スイカは 43 個しかないので，1600 個の変数すべての効果を独自に決定するための十分なデータがないことになる。最初の一歩でつまずくのだ）。新しい変数をモデルに加える基準は，別のものにすることも可能だ。より現代的な手法では，統計的有意性のかわりに赤池情報量規準（Akaike information criterion; AIC）やベイズ情報量規準（Bayesian information criterion; BIC）のように多くの変数を含むモデルにペナルティーを与えることで過剰適合を減らす指標を用いる*2。他の種類の段階的回帰では，さまざまな基準によって 1 段階ごとに変数の追加と除外が行われる。ただし，方法が変わったときに同じ答えに帰着することは保証されないため，同じデータに対する 2 種類の分析がまったく違った結果になる可能性がある。

スイカの研究では，こうした要因が合わさって，ありえないほど精確な結果が生み出されたのだ。さて，どうすればこうした問題を回避しつつ，回帰モデルを適切に評価できるのだろうか。1 つの方法として，**交差検証***3 がある。こ

---

*2 訳注：「情報量基準」と書かずに，「情報量規準」と書く習慣になっている。

れは，一部のスイカだけを使ってモデルを当てはめた上で，そのモデルを使って残ったスイカの熟れ具合を予測することで，モデルの有効性を試すものだ。もしモデルが過剰適合となっているのであれば，交差検証でうまくいかなくなる。広く使われている交差検証の手法として，**1点抜き交差検証**（leave-one-out cross-validation; LOOCV）がある。この手法では，データ点を1個だけ除いたデータでモデルを当てはめた上で，そのモデルが残った1個のデータ点を予測する能力を評価する。そして，残すデータ点を1つずつ変えて，この手続きを繰り返す*4。スイカの研究では，1点抜き交差検証を実施したが，それでも同じように信じがたい結果が得られたと主張されている。ただ，データを入手することなしに，この方法が本当にうまくいったかについて確信を持つことはできない。

こうした欠点があるにもかかわらず，段階的回帰は人気のある手法でありつづけている。統計的に有意な効果がある変数を選ぶというのは，直感的には魅力的なアルゴリズムなのだ。しかし，単一のモデルを選ぶことは，普通は馬鹿げたほど自信過剰なことなのだ。選ばれる可能性がある変数が多数ある状況では，結果をほぼ同じぐらいうまく予測できる変数の組み合わせがたくさん存在することもしばしばある。さらに43個のスイカを試したとしたら，熟れ具合を予測するための1600種類の音響から別の組み合わせを選んでいただろう。段階的回帰は，誤解を招くような確実さを生み出す。つまり，段階的回帰は，20個から30個の変数の組み合わせが熟れ具合を予測するための唯一の組み合わせという主張を生み出すのだが，実は同じぐらいの予測ができる組み合わせは他にもたくさんあるのだ。

もちろん，ほんのわずかな数の変数だけが結果に影響していると信じることができる理由がある場合もあるだろう。希少ガンの原因となる遺伝子を特定しようというときは，候補となる遺伝子が何千個とあっても，原因となるのはほんのわずかな数しかないと知っていることもあるだろう。こうした場合は，最

---

*3 訳注：交差検証（cross-validation）は，交差検定と呼ばれることもある。ここでの「検定」は統計的仮説検定のことを指すのではなく，ただ単に「確かめること」を指すに過ぎない。
*4 訳注：要するに，一部のデータだけを使ってモデルを作った上で，そのモデルがどれぐらい残りのデータに合うかを見るのが，交差検証という手法だ。

も良い予測を作り出すことに関心があるのではなく，単に原因となる遺伝子を知りたいだけなのだ．段階的回帰はやはり最良の道具立てではない．LASSO（最小絶対縮小選択演算子 [least absolute shrinkage and selection operator] を短くしたもので，すばらしい略語だ）は数学的により優れた特性を有し，統計的有意性の主張で利用者をあざむくことがない．しかし，LASSO は非の打ちどころのないものではない．完璧な自動的解決法は存在しないのだ．

8.2 相関と因果

　多重回帰を使って何らかの結果をモデルにするとき，1つ1つの変数についてその意味を解釈したくなることがあるだろう．例えば，ある人の体重やコレステロールなどからその人が心臓麻痺になる確率を求めるような場合，何千人もの人を調査して，心臓麻痺になったことがあるかをたずね，徹底的に身体検査をして，モデルを作る．そして，「体重を減らし，コレステロール値を健康な範囲に収めましょう」という健康に関する助言を与えるためにこのモデルを使うのだ．こうした助言に従えば，心臓麻痺になる割合は 30% 減少するだろうというわけだ．

　しかし，これはモデルが表しているものとは違う．モデルは，コレステロールと体重が健康な範囲に収まっている人の心臓麻痺のリスクが 30% 低いということを表しているのだ．過体重の人にダイエットと日常的な運動をさせた場合，心臓麻痺になる可能性が低くなると言っているわけではない．そう言えるデータは集めていない．どうなるかを知るために，ボランティアで研究に参加してくれた人の体重・コレステロール値に介入して変化させることはしなかったのだ．

　ここには交絡変数がある可能性がある．肥満と高コレステロール値は，心臓麻痺も引き起こす可能性がある他の要因から生じた症状なだけかもしれない．運動や薬のスタチンは，肥満と高コレステロール値を改善させるかもしれないが，心臓麻痺には何も影響しないかもしれない．回帰モデルは，コレステロール値が低いほど心臓麻痺が少ないということを示すが，これは相関であって因果ではない．

この問題に関する事例が，2010年に起きている。この例では，オメガ3脂肪酸という，魚油に含まれていたり，健康サプリメントとして普通に売られていたりするものが，心臓麻痺のリスクを減らせるかということについて試験された。オメガ3脂肪酸が心臓麻痺のリスクを減らすという主張はいくつかの観察研究と実験データによって支持されていた。脂肪酸には抗炎作用があり，さらに血流中のトリグリセリド値を下げることができる。そして，これら2つの特徴が心臓麻痺のリスクを下げることと相関していることが知られている。このため，オメガ3脂肪酸が心臓病のリスクを下げるはずだと考えられたのだ[5]。

しかし，証拠は観察によるものだった。トリグリセリド値が低い患者は心臓の問題が少なく，魚油はトリグリセリド値を下げるので，魚油が心臓の問題を防ぐはずだという結論が誤ってなされた。2013年になってようやく，患者に対して魚油か偽薬（オリーブオイル）を与えて，経過を5年間見た大規模なランダム化比較試験の結果が公表された。そこには，魚油に有益な効果があるという証拠はなかった[6]。

複数の交絡因子を統制しているときには，他の問題も生じうる。「他の変数が変化しない場合，体重が1ポンド（およそ0.54キログラム）増えるごとに心臓麻痺になる割合は……だけ増える」といった形で結果を解釈することはよくあることで，これは正しいのかもしれない。だが，他のすべての変数を変化しないままにすることは，実際には不可能かもしれない。回帰方程式から数字を引っぱってくることはいつでもできるが，現実には体重が1ポンド増えるときには他の変化も起こる。他のすべての変数をそのままにした上で体重を1ポンド増やすということは，誰にもできない。だから，回帰方程式は現実に置き換えることができないのだ。

8.3　シンプソンのパラドックス

統計における興味深いパラドックス的帰結について聞かれたら，統計学者は多くの場合，シンプソンのパラドックスを挙げるだろう*5,6。**シンプソンのパラドックス**（Simpson's paradox）は，交絡因子によって発生するデータ内の明確な傾向が，データを自然なグループに分けることで消え去ったり，ひっくり

8.3 シンプソンのパラドックス

返ったりすることがあるようなときに生じるものだ。このパラドックスについては多数の事例があるので，まずは最も有名な事例から始めたいと思う。

1973 年，カリフォルニア大学バークレー校では，1 万 2763 人分の大学院入学の出願があった。その年の入学選考において，男性出願者の 44% が入学を許可されたが，女性出願者は 35% しか入学が許されなかった。大学事務局は，性差別と告訴されるのを恐れ，何人かの教員にデータを細かく見るように依頼した[*7]。

大学院の入学選考は，学部の入学選考とは異なり，部局ごとに独立に行われる。最初の調査からはパラドックス的な結論が得られた。バークレーの 101 個の大学院の部局のうち，女性への入学許可を出さない傾向があるという統計的に有意な偏向があった部局は 4 つしかなかった。逆に，6 つの部局で男性への入学許可が出にくいという偏向が見られた。これは，他の 4 つの部局で起きた女性の不足を打ち消すには十分すぎるものだった。

バークレーにおいて，個々の部局では一般的に女性に対する偏向がないにもかかわらず，全体としては偏向があるように見えたのはどうしてだろうか。実は，男女がすべての部局で同じ比率で出願しているわけでなかったのだ。例えば，英語学科の出願者の 3 分の 2 が女性だったのに対し，機械工学の出願者で

[*5] 原注：シンプソンのパラドックスはカール・ピアソンとウドニー・ユールによって発見されたものだ。つまり，これはロバート・マートンによって発見された，人名にちなんで命名することに関するスティグラーの法則の一例だ。この法則は，元々の発見者の名前が科学的な発見に付けられることがないことを示したものだ。

[*6] 訳注：シンプソンのパラドックスの「シンプソン」とは，英国の公務員で，統計学に関する論文も出したことがあるエドワード・H・シンプソン（Edward H. Simpson, 1922-）のことを指す。原注でも触れられているように，シンプソンのパラドックスは，1899 年にピアソンらが発表した論文と 1903 年にユールが発表した論文において早くから見いだされていた。その後，シンプソンが 1951 年にこのパラドックスに関する論文を公表したことによって，このパラドックスが広く知られるようになった[11]。

[*7] 原注：この話は，一般的な形では，大学が差別で訴えられたということになっている。だが，誰が訴えたのか，そして結果としてどうなったのかについて語る人は誰もいない。『ウォール・ストリート・ジャーナル』が元々の調査に関わった統計学者にインタビューしたところ，訴訟がまったく起きていなかったことが明らかになっている[7]。訴訟に対するおそれだけでも，調査を始めるのには十分だったのだ。しかし，訴訟があったという話がとても長い間存在していたため，一般にはこれが事実だったと見なされている。

表 8.1 腎結石除去手術の成功率

処 置	直径 2 cm 未満	直径 2 cm 以上	全 体
開腹手術	93%	73%	78%
経皮的腎切石術	87%	69%	83%

は女性が 2% しかいなかった。さらに，他の部局に比べて，選抜がより厳しい大学院の部局があった。

認識されることとなった偏向はこれら 2 つの要因で説明される。女性は，財政的支援が少なく，資格のある出願者が多い部局に出願する傾向があった。逆に，男性は，出願者が少なく研究助成金が余っている部局に出願していた。バークレーの個々の部局は一般的に公平で，バークレーに偏向はなかったのだ。だが，教育の過程をさらにさかのぼれば，女性たちは大学院生になれる機会が少ない研究分野に追いやられていたことになる[8]。

シンプソンのパラドックスは，腎結石を取り除く外科的手法を扱った 1986 年の研究でも発生している。何百もの診療記録を分析したところ，経皮的腎切石術という，腎結石を取り除くための侵襲性が最小限の新しい手法は，伝統的な開腹手術に比べて成功率が高かった。伝統的な方法の成功率が 78% であるのに対して，新しい方法の成功率は 83% だった。

しかし，もっと細かく見てみたところ，傾向は逆転した。データを小さな腎結石と大きな腎結石という 2 つのグループに分けると，表 8.1 に示されているように，どちらのグループでも経皮的腎切石術の方が成績が悪かった。どうしてこうしたことがありえたのだろうか。

問題は，この研究でランダムな割り当てがなされなかったことだった。この研究は診療記録の単なる再分析に過ぎなかった。そして，医師の患者の扱い方に系統的な偏りがあったことが後から分かった。大きくて取り除きにくい腎結石の患者には開腹手術が行われたのに対し，小さくて取り除きやすい結石の患者には腎切石術が行われた[9]。おそらく，小さな結石の患者には新しくて慣れない手法を用いる方が医者にとっては気楽で，難しい症例だと逆に開腹手術になったのだろう。

新しい手術は必ずしも優れているものではなかったのだが，治療が容易な患者に試されていたのだ。外科医の自由裁量によらず，ランダムな割り当てに

よって手術方法が選ばれたとしたら、そのような偏りはなかっただろう。一般的に言えば、ランダムな割り当てを行うことによって、交絡変数を打ち消し、シンプソンのパラドックスのせいで逆の結果が出ることを防ぐことができる。これに対して、純粋な観察研究は特にこのパラドックスの影響を受けやすくなっている。

この問題は、次の例でも示すように医学ではありふれたものだ。細菌性髄膜炎は脳と脊髄を取り囲む組織での感染症で、急速に進行し、即座に治療をしないと特に子どもに対しては永続的な損傷を引き起こす。英国の一般開業医[*8]は、通常、子どもが髄膜炎にかかっていると考えられた場合、さらなる検査や治療を行うために病院に送る前に、その子にペニシリンを投与する。目的は、子どもが病院まで行くのを待たずに、なるべく速やかに治療を始めることにある。

この早期の治療が本当に有益かどうかを見るために、髄膜炎と診断されて病院に入れられた448人の子どもの記録を調査する観察研究が実施された。簡易的分析からは、一般開業医からペニシリンを投与された子どもの方が治療中に死ぬことが少ないようだということが知れた。

より綿密にデータを見てみたところ、この傾向は逆転した。多くの子どもが直接病院に入れられ、一般開業医の診察を受けていなかった。つまり、こうした子どもたちは最初のペニシリンの注射を受けていなかったことになる。そして、こうした子どもたちは、親が直接病院にかけこんだ、病状が最も深刻な子どもでもあった。こうした子どもたちをデータから除外して、単に「一般開業医の診察を先に受けた子どもたちの中で、ペニシリンの投与は良い結果を生んだのか」とだけ問えば、答えはまさしくノーになる。ペニシリンを投与された子どもの方がずっと死ぬことが多いようなのだ[10]。

しかし、これは観察研究なので、ここから、ペニシリンが死の原因となった

[*8] 訳注：英国の一般開業医（general practitioner; GP）は、病院ではなく、地域の診療所において、内科や眼科といった特定の専門分野を持たずに総合的な診療を行う医師のことを指す。英国では、自分がかかる一般開業医をあらかじめ登録する必要がある。そして、基本的には、まず一般開業医の診察を受け、そこで専門医による治療が必要だということになれば、一般開業医が専門医のいる病院を紹介することになる。

ことについての確証を得ることはできない。細菌が破壊されるときに出てくる毒素がショックを引き起こすと想定されるものの，このことは実験的に証明されていない。あるいは，一般開業医が最も深刻な病状の子どもだけにペニシリンを投与したのかもしれない。ランダム化試験なしに確証は得られないのだ。

残念なことに，ランダム化比較試験は難しいし，時には実行できないこともある。例えば，髄膜炎の子どもにわざとペニシリンを与えないのは倫理的でないと見なされるかもしれない。医学以外の例で言えば，ユナイテッド航空とコンチネンタル航空のフライトの遅れを比較すれば，ユナイテッド航空の方が平均して遅れが多いことが分かるだろう。だが，空港単位で比較すると，コンチネンタル航空の方が遅れやすい。ユナイテッド航空の方が気候が良くない都市からのフライトが多く，最も遅れが出る空港に平均が引き下げられていることが分かっている[7]。

だが，フライトをランダムにユナイテッド航空とコンチネンタル航空に割り振ることはできない。そして，交絡因子をすべて消し去ることがいつもできるとは限らない。できることは，交絡因子を測定した上で，交絡因子のすべてが測定できていることを願うことだけだ。

ヒント

- 統計的に有意でない変数は必ずしも効果がゼロでないことを思い出そう。その効果を検出するのに必要な検定力がないのかもしれない。
- 可能ならば段階的回帰は避けよう。段階的回帰は役に立つときもあるが，最終的なモデルが偏ったものになり，解釈するのが難しくなる。LASSOのような他の選択手法の方が適切かもしれない。あるいは変数選択の必要がまったくない可能性もある。
- モデルがデータにどれほど当てはまっているかを調べるためには，別のデータセットを用いるか，交差検証のような手法を用いるようにしよう。
- シンプソンのパラドックスで起きるような，誤解を招いたり逆転したりする結果の原因となりうる交絡変数に注意しよう。可能ならば，交絡を消し去るためにランダムな割り当てを用いよう。

第9章　研究者の自由：好ましい雰囲気？

　統計は退屈で単調なものだという広く知られた誤解が存在する。データをたくさん集めて，数を Excel とか SPSS[*1] とか R[*2] とかにつめこんで，そしてソフトがカラフルな図を出力するまで棒でたたく。おしまい！　統計分析者がしなくてはならないことは，何かコマンドを入力して，結果を読みあげるだけだ。

　だが，どのコマンドを使うかについては選ばなくてはならない。2人の研究者が同じ問題に答えようとして，まったく違った統計分析をすることはありえるし，実際に違った分析になることはしばしばある。決定を下すべきことは，たくさんあるのだ。

何を測定するか

　これは言うほど自明なことではない。精神科薬物療法について試験しようとする場合，症状を測定する尺度としてさまざまな尺度が候補となる可能性がある。例えば，各種の脳機能の試験，医師からの報告，その他さまざまなものが候補となるだろう。その中で，どれが最も役に立つのだろうか。

どんな変数を調整するか

　医学的試験ならば，患者の年齢，性別，体重，BMI，以前の病歴，喫煙の有

[*1] 訳注：SPSS は統計解析を行うソフトの1つで，今は IBM の製品となっている。
[*2] 訳注：R は統計解析向けのフリーなプログラミング言語・環境で，近年非常によく使われており，統計分析をする人の間で一種のリンガ・フランカ（共通語）となっている。

無，薬の使用の有無，あるいは研究前に行われた医療検査の結果を統制することになるかもしれない。これらの要因のうち，どれが重要なのだろうか。どれが無視できるのだろうか。どうやって測定するのだろうか。

どんな事例を除外するか

食事の計画を試験しているとしたとき，下痢で倒れてしまった被験者が出てきた場合は結果が異常なものになるから，その被験者を除外したいと考えるかもしれない。あるいは下痢はその食事の副作用であって，その被験者を含めなくてはならないかもしれない。理由が分かるものにせよ分からないものにせよ，普通のものから外れてしまっている結果というものは常に存在していて，そうしたものを除外したり，特別に分析したりしたくなるかもしれない。どんな事例を外れ値（outlier）と見なすべきだろうか。そして，外れ値にどう対処すべきなのだろうか。

グループをどう定義するか

例えば，患者を「過体重」・「正常」・「低体重」というグループに分けたいとする。どこに境界を設定すべきだろうか。BMIが「過体重」の範囲に入ってしまっている筋骨たくましいボディビルダーについてはどうすれば良いだろうか。

欠測データはどうすべきか

新しい薬を投与したときのガンの寛解[*3]率について調査することがあるかもしれない。5年に及ぶ調査を実施するとしても，6年後あるいは8年後に腫瘍が再び現れる患者がいるかもしれない。データの中にはこうした病気の再発が含まれない。薬の有効性について測定する際に，このことについてどう説明すべきだろうか。

[*3] 訳注：病気の症状がほぼ消えたことを寛解と呼ぶ。症状が問題ない程度になっているだけで，完全に治癒されたとは言えない状況についても寛解に含まれる。

データをどれだけ集めるべきか

　決定的な結果が出たらデータ収集をやめるべきだろうか。それとも，すべてのデータが集まるまで計画したどおりのデータ収集を続けるべきだろうか。もし希望した数の患者を集めるのに困難があったとしたら，どうすべきだろうか。

　どの手続きが最も適切かを探ることに何時間もかかることはありえる。論文では，実施された統計分析についてはたいてい説明がある。だが，なぜ研究者がある方法を選んで他の方法を選ばなかったかということについての説明はいつもあるわけではないし，他の方法を選択したとしたらどんな結果が得られたかについての説明があるわけでもない。研究者は自身が適切だと感じるものを何でも選ぶ自由がある。研究者は正しい選択をするかもしれない。だが，もしデータに対して異なった分析をしたとしたら，何が起きるだろうか。

　こうした統計の自由は，たとえ分析者が誠意を持っていたとしても，知らず知らずのうちに分析に偏りがもぐりこむことを許してしまう。分析に関して下したわずかな数の決定が，結果を大幅に変えることはありえる。このことからは，分析者がデータを見る前に決定を下すべきだということが示唆される。まず，小さな分析上の決定が非常に大きな影響を及ぼした例から見てみよう。

9.1　わずかな自由は大けがのもと[*4]

　シミュレーションによれば，異なった変数を調整したり，異なった事例のセットを排除したり，外れ値の扱いを変えたりするだけで，効果量に2倍の違いを生み出すことができる[1]。たとえ，実験室での試験結果が奇妙だった患者を再測定したり，明らかに異常な患者を取り除いたりといった合理的なやり方だったとしても，統計的に有意でない結果を有意なものにすることができる[2]。どうやら，やりたいように分析する自由があれば，結果を大幅にあや

[*4]　訳注：原文の節見出しは "A Little Freedom Is a Dangerous Thing" で，直訳すれば「少量の自由は危険なことだ」になる。これは，英語のことわざの "A little learning is a dangerous thing" をもじったものだ。このことわざは，直訳すれば「少量の学習は危険なことだ」になり，日本語のことわざの「生兵法は大けがのもと」に相当する。

つることができるようなのだ。

　ある研究者グループがこの現象を単純な実験で証明している。この実験では，20 人の学部生が，ビートルズの「ホエン・アイム・シックスティー・フォー」(*When I'm Sixty-Four*) を聞くグループか，オペレーションシステムの Windows 7 に付いている「カリンバ」(*Kalimba*) という曲を聞くグループのいずれかにランダムに割り当てられた。その後，学生は自身の年齢と父親の年齢を聞かれた。2 つのグループを比較したところ，父親の年齢を統制すれば，「ホエン・アイム・シックスティー・フォー」を聞いた学生の方が平均して 1 年半若く，$p<0.05$ となることが分かった。割り当てはランダムになされたのだから，年齢の違いの原因としてありえるのは音楽しかない。

　研究者たちは，『若いままでいるための音楽の手引き』という本を出版するのではなく，この結果を得るために使ったトリックについて説明した。実は，データをどれだけ集めるかあらかじめ決めておかなかったのだ。かわりに，学生を募集して，有意な結果がすでに得られているかを見るための統計的検定を定期的に実施した（前に，このような停止規則が偽陽性率を大幅に増やすということを説明した）。また，被験者の父親の年齢で統制することについても，あらかじめ決められていたわけではなかった。それどころか，次のようなことを聞いていたのだ——自分の年齢がどれぐらいであると感じるか，夕食をどれだけ楽しんでいるか，100 の平方根がいくつか，母親は何歳か，「コンピューターは複雑な機械だ」ということに賛成するか，早い時間だとお得になるサービスを利用するか，政治的指向はどうか，4 人のカナダ人クォーターバックのうち誰が賞を取ったと考えているか，過去のことを「古き良き日」と呼ぶことがどれだけあるか，そして，性別は何かということを学生に問うたのだ。

　この研究者たちは，データを見た後にはじめて，どれを結果変数として使うのか，そしてどの変数で統制するかを決めたのだ（結果が違うものだったとしたら，例えば，カナディアンフットボールに関する知識を統制すれば，「ホエン・アイム・シックスティー・フォー」を聞いた学生の方が 100 の平方根を計算できないと報告することになっただろう）。当然，こうした自由は，研究者が多重比較をしたり，偽陽性率を引き上げたりすることを可能にしてしまうことになる。この研究者たちは，公刊される論文の中で他の有意でなかった変数について報告し

ないで済み，老化を抑えるというビートルズの明らかな利益について自由に議論できただろう。そうした場合，誤謬が読者の目に触れることはなかっただろう。

この研究者たちによって行われたさらなるシミュレーションによれば，例えば変数の別の組み合わせを統制したり，標本の大きさとして別のものを試したりするといった形で，うまくいくまで異なった統計分析を科学者に試させるだけで，与えられるデータセットに対する偽陽性率は50%以上跳ね上がることが示唆されている[3]。

この事例はかなり異様なもののように感じられるし，ほとんどの科学者は有意な結果が出るまで意図的にデータをいじくりまわすようなことはしないと抗議するだろう。ほとんどの科学者は，仮説を立てて，データを集め，データを少し探索して，仮説を検証するための合理的な統計分析をする。「すばらしい結果が得られるまで100個の分析をすることだってできたかもしれないが，私たちはやっていない」と言うことだろう。「データに即して適切と思われる分析を1つ選んで，それをやり通しているのだ」とも。

だが，分析戦略を選ぶときは，いつもデータを元にしている。どの変数を含めるか，どの外れ値を取り除くか，どの統計的検定を使うか，どの結果を検討するかは，データを見て決めている。こうしたことをしているのは，最も統計的に有意な結果を見つけるという明確な目標のためではなく，どのようなデータセットにおいても発生する特異な点を説明するような分析をもくろんでいるからなのだ。異なったデータを集めたとしたら，例えば，急性の下痢の患者でなくて慢性の便秘の患者のデータを集めたとしたら，別の統計分析を選んでいただろう。「意味をなす」結果を作り出すために分析を偏らせているのだ。

さらに，事前に指定された1個の科学上の仮説は，必ずしも1個の統計的仮説に対応するわけではない。多種多様な統計的結果がみな仮説を支持するものだと解釈できる可能性もある。ある薬が別の薬よりも副作用が少ないと考えることがあるかもしれないが，その場合，さまざまな副作用のうち，どれが統計的に有意に減ったとしてもそれを証拠として受け入れるだろう。女性は排卵期に赤かピンクの服を着る傾向にあると考えることがあるかもしれないが，その場合，赤いシャツ，ピンクのシャツ，両者の組み合わせのどれかが統計的に有

意な効果ならばそれを受け入れるだろう *5,6（あるいは，シャツ，ズボン，帽子，靴下，その他の衣類についても効果を受け入れるかもしれない）。もし排卵期が独身の女性をよりリベラルにするという仮説を立てたのならば，投票の選択，宗教的な考え，政治的価値のどれであっても，変化があればそれを証拠として受け入れるだろう *7。興味深い結果を生むような選択は，私たちの興味を誘い，どのような結果にもありえそうな筋書きを作りあげるという人間の性向を惹きつけることになるだろう。

　こうした統計上の自由がもたらす結末として最も憂慮すべきなのが，研究者が自分たちに最も都合の良い統計分析を意図せずに選んでしまうかもしれないということだ。そうなれば，標準誤差や信頼区間など，不確実性の推定値としてもたらされたものが偏ってしまうだろう。また，データが統計に関する意図を誘導してしまっているため，偽陽性率は上がってしまうだろう。

9.2 偏りを避ける

　物理学では，無自覚な偏りが長らく問題として認識されつづけてきた。光速だとか亜原子粒子の性質といった物理定数の測定は，最終的に受け入れられた「真実」でなく，むしろ以前の測定結果の周りに集中する傾向がある[8]。実験者は，先行研究に合致しない結果を得ると，「こうした誤差について1つあるいは複数の原因を追究し，一般に認められた値に近い結果を得るまで探索しつづけ，そこで探索をやめる」ようなのだ[9]。

　こうした偏りを除去すべく，量子物理学者は**盲検分析**（blind analysis）を実

---

* 5　原注：これは本当にあった研究で，女性は最も妊娠しやすい時期に赤かピンクの服を通常の3倍着る傾向にあるという主張がなされている[4]。コロンビア大学に所属する統計学者のアンドリュー・ゲルマンは，『スレイト』(Slate)にこの研究において自由の程度がはなはだしいことを批判する記事を書き，この研究を心理学の分野で一般的に行われている統計的手法を非難するための例として使っている[5]。
* 6　訳注：『スレイト』はオンライン上のニュース雑誌。
* 7　原注：この研究も私が創作したものではない。さらに「排卵期は結婚している女性をより保守的にする」ということも発見されている[6]。なお，大規模な再現が試みられたものの，いずれの主張についても証拠が見つからなかった[7]。

施しはじめている。この手法では，データを分析する科学者は，分析手続きが最終的に決定されるまで関心のある値を計算することを避ける。これを実施するのが簡単なときもある。1930年代初頭に電子の比電荷を測定したフランク・ダニントンは，機械工に実験装置を作らせた。その実験装置は，検出器を最適な角度に近くするものの，ぴったり最適な角度にはならないように作らせてあった。このしくみによって，厳密に角度を測定しなければ，ダニントンは最終的な答えを計算することができなくなった。そして，分析手続きを工夫した一方，無意識のうちに結果を偏らせることを不可能にした。準備が済めば，角度を測定して最終的な比を計算するのだ。

もちろん盲検分析はいつもこんなに簡単であるとは限らないが，量子物理学者は主要な実験で盲検分析を取り入れはじめている。他の盲検の技法としては，すべての測定に定数を加えた上でその定数を分析が最終的なものになるまで分析者に隠しておくこと，分析を分割した上で独立したグループに部分ごとに分析を行わせてから結果を合わせること，シミュレーションで偽のデータを挿入して後から取り除くことなどがある。結果が隠されなくなるのは，分析が不備なく適切なものだと研究グループが確信したときになってからだ。

医学研究の中には，盲検分析の一形態として三重盲検が行われることがある*8。分析が終わるまで，患者・医者・統計分析者の三者とも，どのグループが統制群かを知らされない。これで偏りの原因がすべて消えるわけではない。例えば，統計分析者は無意識のうちに処置群に有利になるようにすることはできないが，グループ間の差を大きくするように偏らせることはあるかもしれない。そして，徹底的な盲検手法はあまり頻繁に使われていない。また，分析を非現実的なものにせずに，一般的な統計手法をどれだけ盲検化できるかということを決めるにはかなり大規模な方法論研究が必要になる。

三重盲検のかわりに統計分析者の選択の自由を取り除く方法が1つある。こ

---

*8 訳注：医学試験では，二重盲検という手法が広く用いられている。これは，患者と医師の二者に，どのグループが統制群かを知らせない手法だ。例えば，新薬を二重盲検で試験する場合は，患者は自分に与えられる薬が新薬か偽薬かを知らされないし，薬を与える医師も自分が与えている薬が新薬か偽薬かを知らされない。これに加えて，統計分析者にも知らせないというのが，本文で挙げられている三重盲検だ。

の方法の限定された形式は，分析そのものに関わるというより，実験の計画と実施だけに関わるものだが，医学で広く使われている。医師は，計画した標本の大きさと測定対象となる結果変数を含めて，データをどのように集めるかを説明するために臨床試験のプロトコルを立案することが求められる。その後，患者の安全とプライバシーの十分な保護を保証するために，プロトコルは倫理委員会によって審査される。プロトコルはデータを集める前に立案されるものだから，医師が計画をいじくり回して都合の良い結果を得ることは簡単にはできない。ただ，残念なことに，多くの研究がプロトコルを逸脱し，研究者による偏りが入りこむようになってしまっている[10,11]。学術誌の編集者は，投稿された論文と元々のプロトコルを比較しないことがしばしばあるし，プロトコルが破られた理由について執筆者に説明を求めないこともしばしばある。だから，プロトコルを変更しようとする意欲を押しとどめる方法が存在していないのだ。

　科学の多くの分野では，プロトコル公表が要件とされない。そして，心理学・精神医学・社会学といった学問では特定の実験に対して用いるものとして取り決められている単一の手法がないことがしばしばある。医学的試験や物理学の実験のための適切な計画というのは死ぬほど分析されてきたのだが，それに比べて複雑な行動科学でどうするかはっきりしないことはしばしばある。その結果，研究計画が非常に多様になる。新しい論文ごとに，手法の組み合わせが変わるのだ。米国で通常存在するように，新規の結果を作らせようとする強い心理的圧力が存在していれば，こうした分野の研究者は実験計画とデータ分析において自由があるため，偏った極端な結果をより多く生み出す方向に向かいがちになる[12]。この事態に対して，確認的研究*9 のためにプロトコル登録

---

*9　訳注：確認的研究（confirmatory research）は，探索的研究（exploratory research）と対比される。探索的研究は，研究対象についてよく分かっていない段階で，データを色々と探り，そこから主張できそうなことを見つけるものだ。これに対して，確認的研究は，研究対象にある程度見通しが立った段階で，明確な仮説を立てて，それが本当に正しいかを確かめるものになる。ここで注意が必要なのは，両者を混同してはならないということだ。第6章で示されているように，探索的研究では偽陽性などの問題が発生する可能性が高い。このため，まず探索的研究で当たりをつけて，その後に確認的研究を行うことで偽陽性などの問題を防ぐことになる。しかし，もし探索的研究をまるで最初から確認的研究だった

ができるようにし，続く結果をより信頼できるものにできるよう提案している人もいる。

もちろん，ヘルムート・フォン・モルトケの言葉を言い換えれば，データに接触して生き残る分析計画は存在しない*10。思いがけない障害や問題が存在するかもしれない。測定されたものの分布，変数間の相関，外れ値の原因としてありえそうなものといったこと——これらはいずれも分析手法を選ぶときに欠くことのできないものだ——についての想定が完全に間違っているかもしれない。データを集める前にはどんな想定を立てるか分からないかもしれない。そうしたときには，当初計画された明らかに間違っている分析を続けるのではなく，分析手法を改めた方が良いだろう。

データを見ずに前もって分析手法を特定できないことすらあるかもしれない。長年使ってきた通常のデータセットを使って新しい仮説を試すかを決めるかもしれない。データを見るまではどんな仮説が関連するのかはっきりしないかもしれない。あるいは，データを集める前は考えもしなかった興味深い仮説をデータが示唆するかもしれない。分野によっては，研究成果を公刊する前に繰り返し行うことでこの問題を解決できる。つまり，新しく独立したデータセットを集め，まったく同じ手法で分析するのだ*11。もしこれで効果が残るようだったら，結果に自信を持ってよい（新しい標本に十分な検定力があることを確実にしておこう）。だが，市場の暴落を研究している経済学者は，暴落をもう1回作り出すことができない（少なくともそれは倫理的でない）。医者がガンの治療を研究していても，患者は繰り返しを待っていられないかもしれない。

統計の手法が増えることは，さまざまな道具立てをもたらしてくれる。だが，これらの道具立ては，データが白状するまでたたくための鈍器として用いられ

ように扱えば，偽陽性などの問題にさいなまれることになる。
*10 訳注：ここでのモルトケとは，プロイセン王国の参謀総長を務め，普墺戦争・普仏戦争での勝利に貢献したいわゆる大モルトケ（Helmuth von Moltke, 1800-1891）のことを指す。大モルトケの言葉として，「敵主力との最初の遭遇以降に多少なりとも確信をもって続く作戦計画は存在しない」というものがあり，これを簡単にした「敵と接触して生き残る計画は存在しない」という表現がしばしば使われている。本文に出てくるのはこの表現を言い換えたものだ。
*11 訳注：このことは，探索的研究を実施した後に，確認的研究を実施することに相当する。

ているようにも見える。分析手法の事前登録，盲検，そして実験手法のさらなる研究によって，データをより人道的に扱いはじめることが可能になる。

ヒント

- データを集める前に，多重比較を説明できるように，また，探究したい効果をすべて入れるように，データ分析の計画を立てよう。
- もしできるとしたら，臨床実験のプロトコルを登録するようにしよう。
- 計画していたプロトコルから外れる場合は，論文でそのことに触れ，説明を加えよう。
- データが白状するまで拷問にかけるのはやめよう。分析開始前に具体的な統計的仮説を決めておこう。

第10章　誰もが間違える

　今まで，科学者は計算のための適切な数字を選ぶのを間違えるだけで，統計に関する計算は完全に正しくできるものだと考えてきた。科学者は統計的検定の結果を誤って使ったり，関連する計算に失敗するかもしれないが，少なくとも p 値は計算できるのだろう。

　たぶんそうではない。

　医学と心理学の試験で報告された統計的に有意な結果に対して調査したところ，多くの p 値が間違っていることが示された。また，正しく計算したところ，統計的に有意でないとされた結果が本当は有意だったということがいくつかあった[1,2]。権威ある学術誌の『ネイチャー』すら完全ではなく，38%の論文で p 値に誤字か計算間違いがあった[3]。他の調査では，データが誤って分類された事例，データが誤って重複した事例，異常なデータセットをまるごと入れた事例，そしてその他の混乱の事例が示されている。こうした事例は，誤りにすぐに気づけるように論文で分析が詳しく記述されなかったため，すべて隠されてしまっていた[4]。

　こうした誤りは当然予期されるべきだ。研究者は超人的にカフェインを含有しているかもしれないが，やはり人間なのだ。そして研究の公刊という絶え間ない心理的圧力が存在する中，徹底的な証拠固めと繰り返しはないがしろにされている。そして，研究者には，データと計算結果を精査できるように準備したり，他の研究者が出した結果を再現するために時間を費やしたりする動機がない。

こうした問題がより広く知られるにつれ，分析過程の記録・共有を容易にするソフトウェアツールが発達してきた。しかし，科学者はこうしたツールをまだ広く受け入れていない。だが，以下の遺伝学での有名な大失態の例で示されるように，こうしたツールを使わなければ，徹底的に確認する作業は骨の折れるほど大変な過程となることがある。

10.1 再現不可能な遺伝学

この問題は 2006 年に始まった。このとき，新しい遺伝学的検査によって，患者のガンの特定の変異を化学療法で注意深くねらうことができるようになることが期待された。デューク大学の研究者が試験をしたところ，彼らの手法を使えば腫瘍に対して最も感性がある薬を判断できることが示された[1]。こうした手法があれば，患者は効果的でない治療がもたらす副作用から免れることができる。腫瘍学者はこの待ち望んでいたものに興奮し，他の研究者は自分自身の研究を始めた。だが，最初に腫瘍学者たちはキース・バガリーとケビン・クームスという 2 人の生物統計学者にデータの確認を依頼した。

これは予想より難しいことだった。元々の論文には分析を再現するのに十分な詳細が載っていなかったので，バガリーとクームスは生のデータともっと詳しい情報を得るためにデューク大学の研究者に連絡を取った。問題はすぐに見つかった。データのいくつかは正しく分類されていなかった。薬に耐性がある細胞のグループが感性があるものとして分類されていたり，あるいはその逆が起きていたのだ。データの中で重複していた標本もあった。時には，重複した標本で，一方は感性があるとされ，もう一方は耐性があるとされているものもあった。デューク大学の研究者が出した修正によって，これらの問題のいくつかが解決されたものの，同時にこの修正で重複したデータがさらに増えてしまった。いくつかのデータは，間違って 1 つずつずれた状態になっていた。ある細胞のセットからの測定結果が，他の細胞系を分析するときに用いられたせいだ。前に擬似反復の文脈で触れた遺伝子マイクロアレイは，バッチ間で有意

---

[1] 訳注：ある細菌やガン細胞に対して，ある薬がよく効く場合，この細菌やガン細胞がその薬に感性があると言う。これに対して，薬が効かない場合は，耐性があると言う。

なばらつきがあった。そして，マイクロアレイ機器のもたらす効果が，真の生物学上の違いと分離できなくなっていた。ある薬の結果を示すとされていた図は，実際には他の薬の結果を含んでいた。

とどのつまり，この研究はめちゃくちゃだったのだ[5]。多くの誤りがデューク大学の研究者に対して指摘されたにもかかわらず，この遺伝学上の結果を用いて，米国国立ガン研究所が資金を提供した臨床試験がいくつか開始された。バガリーとクームスは元々の研究が掲載された学術誌に研究に対する応答を公表しようとしたが，いくつかの状況においては掲載が拒否された。革新的な研究の方が，退屈でうんざりするような統計の詳細よりおもしろいのだ。それにもかかわらず，米国国立ガン研究所は問題に関するうわさをかぎつけて，デューク大学の管理者に業績を再評価するように求めた。同大学は，外部評価委員会を設置することで応えたが，この委員会はバガリーとクームスの結果を利用できなかった。当然のことながら，委員会は誤りを何も発見せず，試験は続けられた[6]。

ここでの誤りが本格的な注目を浴びたのは，後々になってからだった。バガリーとクームスが発見を公刊してからしばらく経ったころ，ある業界誌がデューク大学で研究を主導していたアニル・ポティの履歴書に虚偽があることを報じた。ポティの論文のいくつかは撤回され，結局，詐欺との非難を受ける中，ポティはデューク大学を辞職した。結果を利用していたいくつかの試験は中止され，この技術を売るために設立された会社は閉鎖された[7]。

ポティの事案は2つの問題の例証となっている。それは，現代科学の多くで見られる再現可能性の欠如と，学術誌に否定的だったり矛盾したりする結果を載せることの困難さだ。後者の問題については次の章のために取っておきたいと思う。再現可能性というのは人気のある空虚な専門用語と化している。なぜそうなったかについてお分かりになる読者もいるかもしれない。バガリーとクームスはポティが何をして何を間違えたのかということを理解するのに，2000時間を費やしたと推計している。こんな暇な時間がある学者はほとんどいない。もしポティの分析ソフトとデータが精査のために隠されることなく手に入るものだったら，疑い深い同僚がポティの仕事の個々の段階を再現するのに苦労させられることはなかっただろう。単にコードを読み通して，各々の図

やグラフがどこから来たのかを見るだけで良かったのだ。

　問題は，ポティがデータをすぐに共有しなかったことだけに限られない。科学者は，生データを結果に変換するときに踏んだ段階について，記録や文書化をしないことがしばしばある。記録してあったとしても，科学論文のしばしば曖昧な書式か，実験ノートに書き残したものぐらいだ。生データは，編集を経て，他の形式へ変換し，他のデータセットと結びつける必要がある。統計分析は，時には特別にあつらえられたソフトで実施する必要がある。そして，図表は結果から作る必要がある。こうした作業はしばしば人の手で行われる。少量のデータをコピーした上で，他のデータファイルやスプレッドシート[*2]に貼り付けるのだ。これは非常に誤りを招きやすい手順だ。責任を負う大学院生のストレス過多な記憶を除けば，こうした手順の決定的な記録は存在しないのが普通だ。その学生が修了してから何年か経った後に，処理のすべての段階を調査し再現できることを望んでいるにもかかわらず，記録は存在していないのだ。

10.2　再現可能性を簡単に

　完全に自動化され，そのソースコードが作業の決定的な記録として精査のために手に入るようにする——理想的にはこうした方法を**再現可能**（reproducible）と呼ぶのだろう。こうした方法が使われていれば，誤りを簡単に見つけて修正できただろうし，どんな科学者でもデータセットとコードをダウンロードすることで，まったく同じ結果を生み出すことができただろう。コードがその目的を記した記述と一緒になっていれば，もっと良い。

　統計ソフトは，このことを可能にするために進歩しつづけてきた。例えば，Sweave というツールでは，科学や数学の出版で広く使われている組版システムの LaTeX で書かれた論文の中に，人気のある R というプログラミング言語を使って行われた統計の結果を簡単に埋めこむことができる。結果は普通の科学論文と同じように見えるが，その論文を読んでその手法に興味を持った他の科学者がソースコードをダウンロードすることができる。そのソースコードに

[*2] 訳注：スプレッドシートは，Excel などの表計算ソフトで扱うことができる表の形式を指す。

はすべての数値と図がどのように求められたかが書いてある。しかし，学術誌は複雑な組版・出版システムを使っていて，まだ Sweave での出版を受け入れていない。だから，Sweave の使用は限定的だ*3。

似たようなツールは他のプログラミング言語にも出てきている。例えば，プログラミング言語の Python を利用するデータ分析者は，IPython Notebook を使って進捗を記録することができる。これを使えば，文章による説明，Python のコード，そして Python のコードから作られた図や画像を一緒に織りこむことができる。IPython Notebook で作られたノートは，文章をともなうコードによって，データをどう読みこみ，処理し，取捨選択し，分析し，図にしたかという分析過程の物語として読むことができる。どの段階の誤りでもそれを修正することができ，コードを再度実行すれば新しい結果が得られる。そして，これで作られたノートは，ウェブページや LaTeX 文書に変換することができるので，他の研究者はコードを読むために IPython をインストールする必要がない。何よりもすばらしいことに，IPython Notebook のシステムは R のような他の言語でも動くように拡張されつつある*4。

計算生物学や統計学のように，非常に計算機をよく使う分野の学術誌は，分析ソースコードの投稿・公開を推奨するコード共有方針を採用しはじめている。こうした方針は，まだデータ共有の方針ほど広く受け入れられてはいないが，一般的なものとなりつつある[8]。再現可能性を保証し，誤りの発見を容易にするためのもっと総合的な戦略としては，生物医学の研究者グループが作成した「計算機を使用した再現可能な研究のための 10 個の簡単な規則」(Ten Simple Rules for Reproducible Computational Research) に従うことが挙げられるだろう[9]。これらの規則には，データ操作と形式変更の自動化，分析ソフトとカスタムプログラムに対するすべての変更のソフトウェアバージョンコント

---

*3 訳注：文章と R での統計分析結果を組み合わせることができるツールとしては，R Markdown というものもある。これは，Sweave よりも簡単に使いやすいだろう。また，R Markdown をもとにした R Notebooks というツールもある。これは，後述の IPython Notebook と似たような利点を持つ。

*4 訳注：2015 年に，IPython Notebook をさらに拡張したものとして，Jupyter Notebook というものがリリースされた。Jupyter Notebook では，Python のほかに，R, Julia, Scala などさまざまなプログラミング言語を使用することができる。

ロールシステムによる記録，生データすべての保存，一般の分析のためにスクリプト・データを入手可能にすることが含まれている。どの科学者も論文を読んでいるときに「一体どうやってあの数値を出したのか」と不思議に思い，困惑したことがある。こうした規則があれば，この質問に答えるのはずっと簡単になる。

　こうするのは非常に手間がかかる仕事で，どうやって分析したのかについてすでに知っている科学者にとっては，そうする動機がない。もっと研究するのではなく，そこから利益を得る他の人が理解しやすいコードを作るために，なぜこれほど多くの時間を割かなくてはならないのだろうか。実は，多くの利点がある。自動化されたデータ分析は，新しいデータセットでソフトを試すのが簡単だし，個々の部分が正しく機能しているかを試すのも簡単だ。バージョンコントロールシステムを使えば，すべての変更を記録できるので，行きづまって「前の火曜日には動いたコードが何で今日は動かないんだ？」と不思議に思うようなことも一切なくなる。そして，計算とコードを完全に記録することによって，いつでも後から同じことを繰り返すことができる。私は，前に公刊する論文での図の形式を改めなくてはならなかったときに，とても当惑したことがある。私が分かったのは，その図を作るためのデータが何だったか思い出せないということだけだった。自分自身のぐちゃぐちゃな分析のせいで，私は図を作り直そうとするために一日中狼狽した。

　しかし，分析を完全に自動化した場合でも科学者はコードを共有したがらない。これは無理からぬことだ。もし競争相手の科学者がそれを使ってこちらを出し抜いて，先に発見をしたらどうなるというのか。もしコード公開が相手に義務づけられていなければ，相手はこちらのコードを使ったことを公開する必要がなくなり，ほとんどこちらの仕事に基づいた発見から学術的な栄誉を得ることができる。もしコードがプロプライエタリなソフトウェア[*5]や商業的ソフトウェアに基づくもので，公開することができなかったらどうなるだろうか。そして，コードの中には，あまりにも品質が悲惨なため，科学者が共有を恥ずかしがるようなものがある。

[*5] 訳注：プロプライエタリ（proprietary）なソフトウェアは，ソースコードなどが公開されていないソフトウェアのことを指す。

マット・マイトが草案を書いたコミュニティ研究学術プログラミングライセンス（Community Research and Academic Programming License; CRAPL）という学術ソフトウェアの使用に関する著作権契約には，「定義」の節として以下のものが載っている．

2．「プログラム」とは，「あなた」に提供されるソースコード・シェルスクリプト・実行可能ファイル・オブジェクト・ライブラリ・ビルドファイルを寄せ集めたもの，あるいは「あなた」による修正がなされたこれらのファイルを指す．
〔「プログラム」におけるデザインの見た目はいかなるものも純粋な偶然であり，思慮深いソフトウェア構築の証拠と間違えられるべきではない．〕
3．「あなた」とは，「プログラム」を使用するのに十分なほど勇敢で愚かな個人または複数の人のことを指す．
4．「文書」とは，「プログラム」を指す．
5．「作者」とは，投稿の締切前のわずかな間だけ「プログラム」を動かしたカフェインでおかしくなった大学院生のことを多分指す．

CRAPLは使用者が「『プログラム』中に発見されるその場しのぎの手法(ハック)，急いで作られた整合性のないもの，証拠なしに信じこむことに関して『作者』が恥ずかしい思いをしたり，困惑したり，嘲(あざけ)られたりしないようにすることに同意する」とも規定している．CRAPLは法的に非常に厳格な使用許諾文書ではないかもしれないが，学術関連のコードの作者が直面する問題を訴えかけるものではある．つまり，ソフトウェアを一般の使用のために書くことは，個人的な使用のためにコードを書くより多くの労力を要する．その労力の中には，例えば，説明する文書を作ったり，ソフトウェアのテストを実施したり，幾晩(いくばん)ものその場しのぎの手法が貯まってしまったのをきれいにしたりすることが含まれる．こうした余計な仕事は，プログラムを書く人にとってほとんど利益がない．重要なソフトを書くのに何か月かけたとしても，学術的な栄誉は得られないのだ．科学者はコードを点検してバグを発見する機会をうまく使うだろう

か。コードの誤字を確かめても，そこから学術的栄誉は得られないのだ。

10.3　実験して，すすいで，繰り返す*6

　他の解決手法としては繰り返しによる再現（replication）が挙げられるだろう。もし科学者が何もないところから慎重に他の科学者の実験を再度作りあげれば，つまり，完全に新しいデータを集め，その結果を検証するという時間がかかる上に骨の折れる過程を経るのであれば，誤った結果を引き起こす誤字の可能性を排除することがずっと簡単になるだろう。問題となっている効果を検出するのに十分な検定力があるようにしていれば，再現によって幸運な偽陽性も排除することができる。多くの科学者が，実験の再現は科学の心髄だと主張している。独立に調査され，世界中で再調査され，筋が通っていると分かるまで，新しい考えは受け入れられないのだ。

　このことは完全に正しいわけではない。再現はそれ自体を目的として行われることがほとんどない（ただしある種の分野を除く——物理学者は物理定数の測定をどんどん精確なものにするのが大好きだ）。複雑な結果を再現することは何か月もかかるため，通常，研究者が自分自身の過去の結果を使う必要があるときにしか再現は行われない。そうでなければ，再現が公刊する価値があるものだと考えられることはほとんどない。珍しい例外として，多くの重要な結果が再現を耐え抜けないかもしれないという心理学者の中で増大する懸念から生まれた再現性プロジェクト（Reproducibility Project）というものがある。これは心理学者の大規模な協同によって行われていて，重要な心理学誌の論文の内容を着実に再試験しつづけている。予備段階の結果は，ほとんどの結果が新しい試験で再現されたという明るい見通しのものだった。だが，まだ前途は遠い。

　他の事例として，製薬会社のアムジェン*7のガン研究者たちがガン研究に

＊6　訳注：原文の節見出しは "Experiment, Rinse, Repeat" になっている。これはシャンプーの容器に書いてある使用方法で "Lather, rinse, repeat"（泡立てて，すすいで，繰り返す）とあることをもじったものだ。

＊7　訳注：アムジェン（Amgen）は米国のバイオテクノロジー企業で，医薬品の開発・製造を業務としている。

おける53個の画期的な前臨床研究について再試験を実施したことがある(「前臨床」という言葉は，新しくて未証明の考えを試験しているために，人間の患者が関わらなかった研究*8だということを示している)。原論文の著者と協力したにもかかわらず，アムジェンの研究者は，研究のうち6個しか再現できなかった[10]。バイエル*9の研究者は，公刊された論文で見つかった新しい薬として使える可能性がある薬の試験をした際に，同様の困難を報告している[11]。

　これはやっかいだ。この傾向はあまり理論的でないような医学研究にも当てはまるだろうか。どうやらそうらしい。医学で最も引用されている研究論文の4分の1が公刊後に再試験がなされていないままだし，後の研究で3分の1が誇張されたものか誤っているものだったことが分かっている[12]。これはアムジェンの結果ほど極端ではないが，重要な研究の中にどんな誤りが気づかれないまま潜んでいるのだろうかという疑いを持たせることだろう。再現は期待されているほど広く行われていないし，その結果はいつも好都合なものだとは限らないのだ。

ヒント

- データ分析は，既知の入力に対してテストができるスプレッドシート・分析スクリプト・プログラムを使って自動化しよう。もし誰かがエラーを疑った場合，何をまさに実施したのかが分かるように自分のコードを参照できるようにすべきだ。
- 系*10：既知の入力に対してすべての分析プログラムをテストし，結果が意味の通るものになるか確認しよう。自分がエラーを招き入れていないということを保証するために，自分で変更した場合は，コードを確かめる自動化テストを使うのが理想だ。
- ソフトウェアを書くときは，科学における計算機使用についての最良の実

---

*8　訳注：新しいものをいきなり人間の患者に実施するのは危険なため，先にマウスを使った動物実験などで安全性を確認するといったことが行われる。
*9　訳注：バイエル (Bayer) はドイツの製薬会社。
*10　訳注：数学における系とは，定理から即座に導かれる別の命題のことを指す。ここでは，前項のヒントから当然のように導かれる話であることを示すために，系という言葉を使っているのだろう。

践に従おう。http://www.plosbiology.org/article/info:doi/10.1371/journal.pbio.1001745
- データを分析するためにプログラムやスクリプトを使っている場合，「計算機を使用した再現可能な研究のための10個の簡単な規則」（Ten Simple Rules for Reproducible Computational Research）に従おう[9]。
- 分析からのデータを自動的に論文に含められるようにするため，Sweaveのような再現可能な研究のためのツールを使おう。
- 可能であれば，ジェンバンク[*11]やタンパク質構造データバンク（PDB）といった専門のデータベース，あるいはドライアドやフィグシェアといった一般的なデータリポジトリから，すべてのデータを入手できるようにしておこう[*12]。
- ソフトウェアのソースコード，スプレッドシート，分析スクリプトなどを公開しよう。多くの学術誌では，こうしたものを論文の補充資料として提出させている。あるいは，ドライアドやフィグシェアにこうしたファイルを預けることもできる。

[*11] 訳注：ジェンバンク（GenBank; http://www.ncbi.nlm.nih.gov/genbank/）は，塩基配列のデータを集積したデータベース。
[*12] 訳注：ドライアド，フィグシェアについては，第11章を参照のこと。

第11章　データを隠すこと

　今まで，科学者が犯しがちな誤りについて述べてきた。そして，こうした誤りを発見する最高の手段は，外部からの監視をいくぶんか用いることだと述べてきた。査読者はこうした監視の目を多少はもたらす。しかし，査読者にはデータを広範囲にわたって再分析したり，コードの誤字を見る時間はない。査読者は，方法論の筋が通っているかを確認するだけなのだ。時には明らかな誤りを発見することもあるが，微妙な問題は通常見逃される[1]。

　このことは，多くの学術誌や専門学会が研究者にデータを他の科学者の要望に応じて提供できるように求める理由の1つだ。完全なデータセットはたいてい学術誌のページに印刷するには多すぎるし，結果がオンラインで公開されることもほとんどない。抜粋された結果が公表されることはもっと多いものの，最高ランクの学術誌に掲載された論文のうち，完全なデータがオンラインで手に入るのは10%に満たない[2]。かわりに，論文の著者は結果を報告した上で，もしコピーを求められれば，完全なデータを他の科学者に送るようにする。もしかしたら，元の研究をした科学者が見落とした誤りやパターンについて，他の科学者が気づくかもしれない。もしかしたら，他の科学者がそのデータを使って関連するテーマについて研究できるかもしれない。あるいは，理論的にはそうなるのだろう。

11.1 監禁されたデータ

2005年,アムステルダム大学のイェルテ・ヴィヒェルツは同僚とともに,アメリカ心理学会[*1]のいくつかの重要な学術誌に出ている最近の論文をすべて分析しようと決めた。それらの論文で使われている統計手法について知るためにそうしたのだ。これはヴィヒェルツらがアメリカ心理学会を選んだ理由の1つでもあるのだが,同学会は,論文の著者に対して,著者の主張を検証しようとする他の心理学者にデータを共有することを求めている。しかし,6か月後,ヴィヒェルツたちがデータを求めた249個の研究のうち,64個しかデータを受け取れなかった。4分の3近くの研究で,著者はデータをまったく送ってこなかったのだ[3]。

もちろん,科学者は忙しい人種だから,データセットをまとめて,各々の変数が何を意味していてどう測られたかといったことを記述した文書を作る時間がなかっただけなのかもしれない。あるいは,データを送らなかった動機は保身だったのかもしれない。つまり,主張していたほどデータが決定的なものではなかったのかもしれない。ヴィヒェルツとその同僚は,これを調べることに決めた。首尾一貫しない統計の結果,統計的検定の誤用,普通の誤字といった論文を読むことで見つけられるような一般的な誤りを探すために,すべての研究を調査した。少なくとも半分の論文で誤りが1つはあった。たいていは小さな誤りだったが,15%は,誤りがあるために統計的に有意になっているだけの「有意」な結果を少なくとも1つ報告していた。

次に,こうした誤りとデータを共有したがらないこととの関係について調べたところ,両者の間には明らかな関係があった。データを共有することを拒絶した著者は,論文の中で誤りを犯しがちで,統計的な証拠が弱くなりがちな傾向があった[4]。ほとんどの著者がデータを共有することを拒否したから,ヴィ

[*1] 訳注:アメリカ心理学会(American Psychological Association; APA)は,その名のとおり,米国の心理学者が集まってできた学会で,13万の会員を擁する。同学会は最も代表的な『アメリカン・サイコロジスト』(*American Psychologist*)など,心理学のさまざまな分野で学術誌を出している。

ヒェルツは統計的な誤りを深く掘り下げることができなかった。ただ，もしかしたらより多くの誤りが潜んでいるかもしれない。

このことは，結果に欠陥があったり根拠の弱いものであったりすることを論文の著者が知っていたためにデータを隠したという証明には明らかになりえない。交絡因子の候補*2 はたくさんある。そして，相関関係は因果関係を含意しない。だが，相関関係は，示唆的に眉を揺らして，こっそりジェスチャーをしつつ，声を出さずに口だけを動かして「あそこを見ろ」と言うのだ*3。そして，驚くほど誤りの比率が高いことは，なぜデータを共有すべきかをはっきり示してくれる。多くの誤りは，公刊された論文の中では明らかにならず，誰かがゼロから元々のデータを再分析するときにのみ発見されるのだ。

11.1.1 共有への障害

いくつかの分野ではデータの共有を促進しているものの，データの共有はいつもスプレッドシートを1つオンラインに投稿するように簡単なものだとはかぎらない。簡単に共有できないものの例として，何千人もの科学者が貢献した遺伝子シークエンスデータベース，タンパク質構造データバンク，天体観測データベース，地球観測コレクションといったものがある。とはいえ，医療データが，患者個人を特定できる情報をすべて慎重に取り除く必要があるため，特に扱いにくいデータになっている。そして製薬会社は自らのデータに所有権を主張し，データを共有することに強く反対している。事例として，欧州医薬品庁（European Medicines Agency; EMA）のことを考えてみよう。

2007年にノルディック・コクラン・センター*4 の研究者が2種類の減量薬

---

*2 訳注：例えば，論文を書いた人がいいかげんな性格かどうかということが交絡因子の候補になりうる。いいかげんな人間ならば，統計分析で間違えることもあるだろう。また，いいかげんな人間なら，データを提供してほしいという依頼を放置してしまうこともあるだろう。もしこうした関係が存在しているとしたら，統計分析の誤りとデータを見せないことの間に直接のつながりがなくても，いいかげんな性格かどうかということを通じて見かけ上の相関関係が生じることがありえる。

*3 原注：これは，恥知らずにも http://xkcd.com/552/ の代替テキストから盗用したジョークだ。

*4 訳注：ノルディック・コクラン・センター（Nordic Cochrane Centre）は，デンマークに本拠を置く組織で，11.2.2節「結果報告の偏り」で触れるコクラン共同計画を担う一員

についてのデータを欧州医薬品庁に求めた。同センターの研究者はこれらの薬の有効性について系統的再調査をしているところだった。そして，欧州医薬品庁がヨーロッパ市場に薬を導入することを認可する機関であるため，製薬会社が登録したまだ公開されていないかもしれない試験データを保持しているはずだということを同センターの研究者は知っていたのだ。しかし，欧州医薬品庁は，試験の計画方法と商業的計画を明らかにすることは「個人または企業の商業的利益に不当な損害を与える」可能性があるという理由で，データを開示することを拒否した。さらに，データを隠すことが患者の害になるという主張を認めなかった。

　3年半の官僚的な議論を経て，そして，すべての研究報告を見直して商業的秘密がないことが確認された後に，欧州オンブズマンがついに欧州医薬品庁に文書を公表するように命令した。その間に，薬の1つは，深刻な精神医学上の問題を含む副作用があったため，市場から撤退していた[5]。

　学者も，データを秘密にしておくために，似たような理屈で正当化を図っている。学者は商業的利益については気にしていない一方で，競合する科学者を気にしている。データセットを共有すれば，学者が何か月もの時間と何千ドルもの資金を使って集めたデータをただで手に入れる者が出てきて，次の発見をそのただ飯食らいに出し抜かれることになるかもしれない。このため，いくつかの分野ではデータがもはや無月になってはじめて，つまりそのデータについて可能なかぎり多くの論文を公刊したところで，データを共有することを考えることが普通に行われている。

　学術界では，権威ある学術誌で多くの論文を公刊することが出世につながるため，出し抜かれる恐怖が大きな障害になっている。経験の浅い科学者は，他人に公刊を出し抜かれるためだけに，1つのプロジェクトで働いた6か月を無為にすることに耐えられない。バスケットボールと違って，アシストをしたことに関して学術的な栄誉はないのだ。もし共著者となる栄誉がないのだとしたら，なぜ他人のためにわざわざデータを共有しなくてはならないのだろうか。こうした考えは，科学の素早い進歩という大きな目的には合わないが，活動中

として，医療手段に関する検証を実施している。

の科学者にとってはやむをえないものなのだ。

　プライバシー，商業上の問題，学問における競争のほかに，データ共有を妨げる実務的な問題がいくつかある。データはさまざまな科学器具や分析パッケージで作成された独特の形式で保存されることがしばしばある。さらに表計算ソフトはプロプライエタリだったり互換性がなかったりする形式でデータを保存する（ExcelのスプレッドシートやSPSSのデータが今から30年後も読める保証はないし，別のソフトウェアを使っている同僚が今読める保証すらない）。いずれにせよすべてのデータが簡単にスプレッドシートとしてアップロードできるわけではない。何時間もの動画で記録がなされている動物行動学の研究や何時間もの対面調査を論拠としている心理学の研究はどうするのか。たとえ何百時間もの動画を保管するのに十分な保存領域があったとしても，誰がそのコストを負担するというのだろうか。そして誰がわざわざそれを見るというのだろうか。

　データを公開するには，研究者がデータフォーマットと測定手法（機器の設定はどんなものを使ったのか，較正はどう行われたのかなど）について説明をすることが必要となる。だが，研究室の組織というものは往々にして行き当たりばったりなものだから，研究者にはスプレッドシートや手書きのメモを取りまとめる時間がないかもしれない。何ギガバイトにもなる生のデータを共有する方法を持っていない研究者もいるかもしれない。

11.1.2　朽ち果てるデータ

　もう1つの問題として，コンピューターが交換されたり，技術が時代遅れのものになったり，研究者が他の機関に移籍したり，学生が卒業して研究室を離れたりすることによって，データを維持しつづけることが難しくなるということが挙げられる。もしデータセットが作成者に使われなくなったとしたら，慎重に構成された個人的なデータセットのアーカイブを維持する動機はなくなる。特に，データをフロッピーディスク[*5]や書類棚から再構築しなくてはならな

[*5]　訳注：フロッピーディスク（floppy disk）とは，かつてコンピューターのデータの記録のために広く使われた磁気ディスクの一種である。訳者は2009年に，ある大学の研究室に残されていた大量のフロッピーディスクからデータを取り出せないかと相談されたことがある。それらのフロッピーディスクには，その研究室の教授が1980年代から90年代に

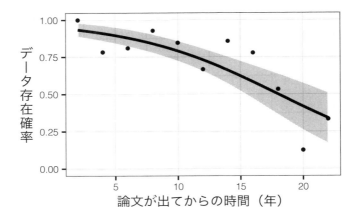

図 11.1 論文が古いものになればなるほど，データがまだ残っている確率は下がっていく。実線は当てはめられた曲線で，灰色の帯はその95%信頼帯を示す。点は，年ごとの論文の平均入手可能率を示す。この図には執筆者に連絡することができた論文のことしか反映されていない。

い場合はなおさら動機が薄れる。1991年から2011年の間に公刊された516本の記事を対象にして行われた研究によれば，データが手に入る確率は時間が経つにつれ徐々に減っているという。20年以上経った論文のうち，データセットが手に入ったものは半分に満たなかった[6,7]。執筆者の中には，Eメールアドレスが変わったために連絡を取れなかった人もいた。他の執筆者の中には，データはあるかもしれないと返事したものの，フロッピーディスクに入っていてフロッピーディスクドライブをもう持っていないと答えたり，盗まれたかなくなったコンピューター上にデータがあると答えたりした人もいた。データが朽ち果てている様子は図11.1に表されている*6。

さまざまなスタートアップ企業や非営利団体がこの問題に取り組もうとして

かけて書いた研究関係の文書が入っているとのことだった。2009年当時でも，すでにフロッピーディスクを使えるコンピューターが少なくなっていたし，フロッピーディスクを使えるコンピューターがあったとしても，古い形式のフロッピーディスクを読み取ることは難しかった。その後，何とか古い形式のフロッピーディスクを読み取れる機器を見つけ出したのだが，フロッピーディスクの中に保存されていた文書が独特の形式だったため，結局，データを救い出すことはできなかった。

いる。例えば，フィグシェア（Figshare）は，何ギガバイトもの公開共有用のデータ・図・プレゼンテーションをどんなファイル形式でも研究者がアップロードできるようにしている。共有を促進するために，投稿されたものにはデジタルオブジェクト識別子（digital object identifier; DOI）が付与される。これは，学術誌の記事を引くときに広く使われている一意の識別番号のことだ。これが付与されていれば，データを再利用するときにデータの原作者を簡単に挙げることができるし，原作者は懸命な仕事の見返りとして学術的な栄誉を得ることができる。ドライアドデジタルリポジトリ（Dryad Digital Repository）は学術誌と手を組んで，論文の執筆者が論文投稿中にデータを預けられるようにしている。さらに，論文の執筆者に対して，使用したデータを出典として言及するように勧めている。ドライアドは古い形式が時代遅れのものになったらファイルを新しい形式に変換することを約束していて，プログラムが読みこめなくなることでデータが埋もれてしまうことを防いでいる。そして，ドライアドはいくつかの大学にデータのコピーを残しておくことで，データが突然失われることを防いでいる。

　最終的な目標は，データの公開や再利用から栄誉を得ることを簡単にすることにある。もし，他の研究者がデータを使って重要な発見をすれば，データの作成者も業績の余光をこうむることができる。そして，自分の作ったデータが引かれることは，自分の書いた論文が引かれることと同列に扱われてもよい。こうした動機付けがあれば，データセットをオンライン上に預けるために余計な仕事をすることについて，科学者は納得がいくかもしれない。だが，これで十分なのだろうか。科学における習慣の変化はとてもゆっくりだ。そして，誤りを見つけるために，わざわざデータを確認する人が出てくるものだろうか。

---

*6　原注：この図は，元となった研究の執筆者が作ったコードに基づいて作成されたものだ。このコードは，執筆者によってパブリックドメインとされ，データとともにドライアドデジタルリポジトリに預けられている。この預けられた結果は，執筆者が研究対象とした論文の結果に比べて長く残るだろう。

11.2　詳細は省略しておけ

　存在するかどうか分からないデータを求めることは難しい。学術誌に載った論文は，報告対象となった何年間もの研究を極めて短く要約したものに過ぎないことがしばしばある。しかも科学者にはうまくいった部分を報告しようとする性向がある。測定したものや検定が最後の結論に関係ないと分かったら，それらは省略されてしまう。出てきたものをいくつか測定して，そのうちの1つで研究期間中の変化が統計的に有意なものでなかったとしたら，そこで有意でないことが特に興味深いものでないかぎり触れられることはないだろう。

　学術誌の語数制限によって，否定的な結果や方法論の詳細を割愛せざるをえなくなることはしばしばある。そして，主要な学術誌で論文の語数に制限をかける例は珍しくない。例えば，『ランセット』(*Lancet*) は記事を3000語未満にすることを要請している。これに対して，『サイエンス』は記事を4500語までに制限した上で，記事のオンライン付録に手法を書くように勧めている。オンラインでしか出版されない『プロス・ワン』(*PLOS ONE*) のような学術誌では印刷にお金を払う必要がないので，長さの制限がない。

11.2.1　既知の未知

　何を載せなかったかということが分かるように研究を検討することは可能だ。医学的試験を主導する科学者は，試験を始める前に倫理委員会に詳細な研究計画を示さなくてはならない。ある研究者グループは，デンマークの一委員会からこうしたプロトコルを集めたものを手に入れた[8]。プロトコルは，患者を何人募集するのか，どんな評価項目を測定するのか，患者が途中で脱落したり思いがけず標本が失われてしまったりするなどの欠測データをどう扱うのか，統計分析はどう行うのかといったことを具体的に明記するものだ。だが，多くの研究のプロトコルには重要な詳細部分に漏れがあり，しかも公刊された論文でプロトコルに合致しているものはほとんどなかった。

　今まで，十分に大きな標本となるようにデータを集めることが研究にとってどれほど重要かということを見てきた。倫理委員会に納められた文書のほとん

どで，適切な標本の大きさを決定するために用いられた計算方法は詳しく書かれていた。しかし，公刊された論文のうち，標本の大きさの計算方法が詳しく書かれていたものは半数に満たなかった。臨床試験のために患者を集めることは難しいようで，半数の研究が意図していた数とは異なる人数の患者を集めていた。そして，時には，変更が発生した理由や変更が結果に及ぼす影響について，研究者が説明しないこともあった。

さらなる問題として，多くの研究者が結果を割愛していたことが挙げられる。委員会に納められた文書には，副作用率や患者が報告した症状など，それぞれの研究で測定されることになる項目が列挙されている。こうした評価項目のうち統計的に有意な変化が見られたものは，たいてい公刊された論文の中で報告されていたが，統計的に有意でなかったものはまったく測定されていなかったかのように割愛されていた。明らかに，このことは多重比較を隠す方向に至る道だ。多数の評価項目を調べていたのに，少数の統計的に有意な項目しか報告していないのかもしれないのだ。大して気にしない人が読めば，有意でない評価項目も含めて調査されていたことに気づくことはないだろう。調査が行われた際，研究者のほとんどは，評価項目の結果を割愛したことを否定していた。しかし，委員会に納められた文書はその主張が偽りであることを示している。ある研究者は結果の割愛を否定したのだが，実際にはその研究者が書いた論文のすべてにおいて報告されていない結果があった。

11.2.2　結果報告の偏り

しっかりと行われた多数のランダム化試験に対するメタ分析は，医学において最良の科学的根拠とされている。例えば，国際的なボランティア団体であるコクラン共同計画（Cochrane Collaboration）は，医学のさまざまな問題について公刊されたランダム化試験の系統的再調査をしている。そして，それに基づいて当該分野における現在の知識をまとめた報告書を作ることで，科学的根拠に基づいた最も優れた裏づけがある治療法と技術を示している。これらの報告書は，包括的な詳細事項と綿密な方法論があることから高く評価されている。

しかし，査読付きの出版物につまらない結果が絶対に載らなかったり，利用するために必要な詳細が十分に示されなかったりすれば，コクラン共同計画の

研究者がこうした結果を再調査の対象に含められなくなってしまう。そして，このことにより，**結果報告の偏り**（outcome reporting bias）として知られている問題が引き起こされ，系統的再調査が，より極端な結果かよりおもしろい結果に偏ってしまうのだ。コクラン共同計画の再調査が，早産になろうとしている妊婦への処置としてある特定のステロイド薬を使用することについて扱うもので，関心がある評価項目として乳児死亡率がある場合，公刊された研究で死亡率のデータを集めておきながら統計的に有意でなかったためにその詳細を記述しなかったものがあれば，望ましいものにはならない*7。

コクラン共同計画の系統的再調査に対して系統的再調査を実施したところ，3分の1以上が結果報告の偏りに影響されている可能性があるということが明らかになった。コクラン共同計画で再調査に携わった人は，時に，結果報告の偏りが存在することに気づかずに，評価項目が単に測定されていないだけだと仮定していた。公刊されていない結果が含まれていた場合にコクラン共同計画の再調査の結果がどれだけ変わっていたかを正確に測定することは不可能だ。ただ，再調査を再調査した人による推定によれば，統計的に有意だった再分析の結果の5分の1が有意でなくなり，4分の1が効果量が20%以上減少するそうだ[9]。

他の再調査でも似たような問題が見つかっている。そして，多くの研究が欠測データによる悪影響を受けている。患者の中には，途中で脱落したり，定期健康診断に来なかったりする人がいるのだ。データに欠測があることについての言及こそしばしば研究者からなされるものの，欠測の理由や不完全データを含む患者の分析時の扱いについての記述がないことはしばしばある。だが，最悪の副作用をともなった患者が途中で脱落して計算に入れられなかったような場合などで，欠測データは偏った結果を生み出しうるのだ[10]。他の医学的試験に対する再調査では，ほとんどの研究が停止規則や検定力の計算といった方

---

*7 原注：コクラン共同計画のロゴは，早産になろうとしている女性に与えられたコルチコステロイドに関する研究の結果を描いた図になっている。単独では統計的に有意でなかったのだが，データをまとめて一体のものにすることで，この治療法が命を救うことが明らかになった。手に入るデータを統合するという包括的な再調査を誰もしなかったために，このことは何年も明らかにならなかったのだ。

法論に関する重要な詳細部分を載せていないことが示されている。そして，大きな一般的医学誌に比べて，小さな専門的学術誌に載っている研究の方がまずいことになっている[11]。

医学誌は，統計手法，測定された評価項目のすべて，そして，開始時からの試験計画変更のすべてを報告するように求める CONSORT チェックリスト*8 といった結果報告の基準を設けることで，この問題に対処しはじめている。論文の著者には，研究内容を投稿する前にチェックリストの要求に従うことが求められる。そして，編集者には，関連する詳細部分がすべて含まれているかを確かめることが求められる。チェックリストはうまくいっているようだ。ガイドラインに従う学術誌で公刊された研究は，すべてでないにせよ，より本質的な詳細を報告するようになっている[12]。ただ，残念なことに，基準の適用に一貫性がなく，詳細部分の欠けた研究がすりぬけることがしばしばある[13]。学術誌の編集者は，しっかりと報告基準を守らせるために，さらに努力する必要があるだろう。

もちろん，報告に不足があることは，医学に限られた問題ではない。心理学者の3分の2が，論文の中で結果変数のいくつかを割愛することが時々あると認めている。これによって，結果報告の偏りが生み出されることになる。また，心理学者は同じ現象を別々の角度から調べるために，1つの論文の中で複数の実験を報告することがよくあるのだが，心理学者の半数がうまくいった実験だけを報告したことを認めている。こうした慣習は，調査に回答した人のほとんどが弁明の余地がないだろうと認めているにもかかわらず，しつこく残りつづけている[14]。

生物学と生物医学の研究では，患者の登録や検定力の計算に関する報告が問題になることはあまりない。むしろ，実験で使用されるもの——多数の化学薬品，遺伝子組み換え生物，特別に繁殖させた細胞系，抗体——に問題があるの

---

*8 訳注：CONSORT は Consolidated Standards of Reporting Trials（試験の報告に関する強化された標準）の略で，ランダム化比較試験である臨床試験において，どのようなことを報告しなくてはならないかについてまとめている。この CONSORT チェックリストを含む CONSORT 2010 声明の日本語版は，CONSORT のウェブサイトの以下の場所に掲載されている。http://www.consort-statement.org/Media/Default/Downloads/Translations/Japanese_jp/Japanese%20CONSORT%20Statement.pdf

だ。これらの要素に結果は大きく影響されるのだが、多くの学術誌でこうした要素を報告するためのガイドラインがない。このことによって、生物医学の論文で言及された化学薬品や細胞の大多数が、一意に決定することができなくなってしまっている。このことは、厳しい報告要件を設けている学術誌であっても当てはまる[15]。先に触れたバイエルとアムジェンの研究者が結果を再現しようとした話のように、ここからも実験を正確に再現することは困難だということが分かるだろう。納入業者に注文する抗体がどれなのか免疫学の論文で述べられていなければ、その論文で示されたことを再現できるわけがないのだ*9。

今まで、公刊された論文があまりうまくいっていないことについて見てきた。それでは、公刊されていない研究についてはどうだろうか。

11.3 書類棚の中の科学

先に、多重比較と事実の誇張が研究結果に及ぼす影響について見た。こうした問題は、検定力の低い状態で多くの比較を行うような研究で発生する。これにより、偽陽性率は高くなり、効果量の推定は誇張されたものになる。そして、こうしたことは公刊された研究の至るところに見られる。

だが、すべての研究が公刊されるわけではない。例えば、医学では、「この薬を試したが、効かなかったようだ」ということをわざわざ公刊しようとする科学者がほとんどいないため、医学研究のごく一部しか目にすることがない。さらに、権威ある学術誌の編集者は自誌に画期的な結果が載るという評判を維持しなくてはならないし、査読者は否定的な結果に対して偏見を当然持っている。手法と書きぶりが同じ論文を見せた場合、査読者は、否定的な結果が書かれている方を厳しく評価し、方法論上の誤りをより多く発見する[16]。

---

*9 原注：たとえ正しい材料があったとしても、生物学の実験は極めて再現することが難しいと聞いている。これは、実験の準備におけるわずかな違いの影響を受けやすいからだ。だが、これは言い訳ではない。これは深刻な問題なのだ。1回しかうまくいかなかった結果をどうして一般的な結果として扱うことができるだろうか。

11.3.1 公刊されない臨床試験

 腫瘍抑制タンパク質のTP53とその頭頸部ガンへの影響についての研究という事例を考えてみよう。TP53を測定することでガン死亡率を予測できるだろうということが,多くの研究で示唆されている。なぜかと言うと,TP53は細胞の成長と発達を調整するはたらきを持っていて,これがガンを防ぐために適切に機能するにちがいないからだ。TP53とガンに関して公刊された18個の研究をすべてまとめて分析した場合[*10],統計的にかなり有意な相関が結果として得られる。ここから,疑う余地なく,腫瘍が人を死に至らせる可能性について判断するためにTP53を測定することになるだろう。

 しかし,TP53について,公刊されていない結果——他の研究で言及されてはいるが,公刊あるいは分析されていないデータ——も掘り出してみたとしたらどうなるだろうか。こうしたデータを合わせると,統計的に有意な効果は消えてしまう[17]。結局のところ,相関がないことを示すデータをわざわざ公開しようとする人がほとんどいなかったため,メタ分析では偏った標本しか使えなかったのだ。

 似たような研究として,ファイザー[*11]の販売するレボキセチンという抗うつ剤について調べたものがある。いくつかの公刊された研究で,偽薬に比べてレボキセチンに効果があることが示唆されていた。これをもとに,ヨーロッパの複数の国はうつ病患者に対するレボキセチンの処方を承認した[*12]。治療の評価に責任を負うドイツの医療品質・効率性研究機構[*13]は,公刊されていない試験データを何とかファイザーから手に入れた。公刊されていないデータは公刊されていたものの3倍以上に及んでいた。そして,医療品質・効率性研究機構がそのデータを慎重に分析したところ,レボキセチンに効果がないことが分かった。ファイザーは,効果がないことを示す研究に触れないだけで,薬に効果があることを一般の人たちに納得させていたのだ[18]。

[*10] 訳注:ここでは18個の研究を合わせたメタ分析を実施していることになる。
[*11] 訳注:ファイザー (Pfizer) は,1849年に設立された米国の大手製薬会社。
[*12] 訳注:日本や米国ではレボキセチンが承認されていない。
[*13] 訳注:ドイツの医療品質・効率性研究機構 (Institut für Qualität und Wirtschaftlichkeit im Gesundheitswesen; IQWiG) は,2004年に医療制度改革によって設立された独立機関で,薬品などの品質・効率性を研究している。

他の抗うつ剤12種類に関して行われた同様の再分析でも，それらの薬の研究として審査過程中に米国食品医薬品局*14 に登録されたもののうち，否定的な結果の大部分が決して公刊されることがなかった。あるいは，それほど多くないものの，二次的な評価項目を強調するために公刊されたものもある[19]（例えば，ある研究がうつ病の症状と副作用の両方を測定していたとしたら，副作用が有意に減ったことが強調され，うつ病に対する効果が有意でないことは控えめに述べられる）。食品医薬品局は安全と有効性に関する決定をするために否定的な結果を入手することができるが，臨床医や学者がどうやって患者を治療するかを決めようとしているときにこうした否定的な結果を入手することはできない。
　この問題は一般に，**公刊の偏り**（publication bias）または**書類棚問題**（file-drawer problem）として知られている。多くの研究が，貢献できるかもしれない価値あるデータであるにもかかわらず，書類棚に何年も収められたまま公刊されないのだ。そうでなければ，多くの場合，つまらない結果が割愛された形で研究が公刊される。こうした研究は，副作用のような評価項目を複数，測っていたとしても，数字を挙げずに単に効果が「有意でなかった」と述べるだけだったり，その効果についてまったく触れなかったりする。あるいは，エラーバーを含めずに効果量だけを述べるため，証拠の強さについての情報がまったく分からなくなることもある。
　このことと同じぐらいやっかいなのは，この問題が，公刊された結果の偏りだけに限られないことだ。研究結果が公刊されないことは，労力が繰り返されることにつながる。なぜかと言えば，すでになされた研究を知らない科学者がもう一度その研究をして，金銭と労力を無駄にしてしまうからだ（学会でうまくいかなかった手法について述べたところ，同じ部屋にいた複数の科学者が同じことをすでに試したものの公刊していなかったことが分かっただけだったという話を科学者がしているのを聞いたことがある）。研究資金を助成する機関は，多くの研究が同じテーマを扱っているのに対して資金を出さなくてはならないのかと不思議に思いはじめている。また，多くの患者や動物が実験対象になることになる。

＊14　訳注：米国の食品医薬品局（Food and Drug Administration; FDA）は保健福祉省の部門の1つで，食品や医薬品の安全検査　認可などを所管している。

11.3.2 報告の偏りの検出

公刊の偏りや結果報告の偏りについて調べることは可能だ。あるテーマに対して一連の研究が行われていて、なおかつ系統的再調査が公刊されたデータから効果量を推定していれば、再調査の対象となった個別の研究の検定力は簡単に求めることができる[*15]。例えば、効果量が何か適当な尺度で0.8だったとしよう[*16]。ただ、再調査は、それぞれの検定力が0.2だった小規模な研究をたくさん集めて構成されたものだったとしよう。ここから、効果を検出することができる研究は20%しかないということになるはずだ。しかし、公刊された研究の90%以上が効果を検出できていることが発覚するかもしれない。検出できなかった残りはくずかごに放りこまれたのだ[20]。

この種の試験手法は、動物実験をともなう神経学研究の刊行物での気がかりな偏りを発見するために使われてきた[21]。動物実験は、それが科学と医学の発展の利益になるという理由があるからこそ倫理的に正当化されるものだ。しかし、強い結果報告の偏りがあるという証拠は、公刊されないまま科学の記録として何も残さなかった研究で、多くの動物が使われたことを暗示している。

同種の試験手法が、心理学の有名な論争で使われたことがある。ダロル・ベムの2011年の研究で、「認知と情動に対する異常な逆行作用」、要するに、未来を超能力で予測することに関する証拠があるという主張がなされた。これは査読を経て評判の良い学術誌に掲載されたのだが、予想どおり、掲載されてすぐに懐疑的な科学者から否定的な反応を受けた。その後のいくつかの論文でベムの分析の誤りが示され、より合理的な結果が得られる別の統計手法も示された。これらの論文の中には、ここで紹介するには技術的に細かすぎるものもあるが、1つは直接的な関連性があるものだ。

グレゴリー・フランシスは、ベムが公刊の偏りによって良い結果を得たのだろうかと考えた。ベムは、自身の発見がすぐに信じられることはないだろうと

[*15] 原注：実験の実施方法に基づく何らかの系統的な差異があるために、個々の研究が実際には別々の効果を測定している場合、この方法ではうまくいかない可能性があることに注意しよう。こうした場合、真の検定力を推定するのはぐんと難しくなるだろう。

[*16] 訳注：一般に、効果量、p値、標本の大きさの3つが分かれば、そこから検定力を計算することができる。

いうことを知っていたので、1個だけでなく10個の異なった実験を同じ研究の中で実施し、それを公刊していた。そのうち9つの実験で、統計的に有意な超能力が見られた。これは強力な証拠のように見える。ただし、これも超能力が見られなかった研究で未報告のものがたくさんなければの話だ。フランシスは、ベムの成功率がその検定力に合っていないことを発見した。つまり、ベムの研究は、公刊の偏りがもたらしたものであって、超能力の産物ではなかったのだ[22]。

フランシスは、類似した論文を多数公刊し、他の心理学の有名な研究を明確な公刊の偏りによるものだと批判した。おそらく、フランシスは心理学の文献を底引き網のように拾いあげ、公刊の偏りの証拠を見つけるまで論文を調べていたのだろう。これは誰かがその皮肉に気づくまで続いた[23]*17。心理学の文献では、公刊の偏りに関する公刊の公刊の偏りの影響についての議論が今なお激しく交わされている。

11.3.3 強制的開示

規制を行う側と学術誌は、公刊の偏りを食い止めようとしている。米国の食品医薬品局は、ある種の臨床試験に関して、試験開始前に食品医薬品局が運営しているウェブサイト ClinicalTrials.gov を通じて登録することを求めている。さらに、試験が終わってから1年以内に結果の概要を ClinicalTrials.gov で公開することも求めている。また、登録を確実に行わせるために、医学誌編集者国際委員会 (International Committee of Medical Journal Editors) は、2005年に、事前に登録されていない研究については公刊しないことを表明している。

規定はしっかりと守られていない。2008年6月から2009年6月にかけて登録されたすべての臨床試験からランダムに抽出された標本からは、40%以上のプロトコルが最初の被験者を受け入れた後に登録されたことが明らかになっ

---

*17 訳注：フランシスは、公刊の偏りが見つけられなかった研究については批判する論文を書くことができない。実際には公刊の偏りを犯していない研究が多数であったとしても、その存在は明らかにされず、公刊の偏りがある研究ばかりが人目にさらされることになる。つまり、ここで公刊の偏り批判の公刊の偏りが生まれてしまう。このことが皮肉になるというわけだ。

ている。そして，これらの義務を怠った研究の登録の遅れの中央値は10か月だった[24]。事前登録を要求するという目的は，明らかに打ち砕(くだ)かれている。そして，研究で測定する主要評価項目，そしてそれを測定する期間と手法について，明確に特定されているプロトコルは40％に満たなかった。主要評価項目が研究の目的になっていることを考えれば，これは残念なことだ。

　同様に，登録された臨床試験に対する再調査から，ClinicalTrials.govを通じて結果を公開することを求める法令に従っていた試験は，25％程度しかなかったことが分かっている[25,26]。登録された臨床試験の他の4分の1は，結果をどこにも——学術誌にもClinicalTrials.govのリポジトリにも——公開していなかった[27]。法による強制があるにもかかわらず，ほとんどの研究者は，ClinicalTrials.govの結果データベースを無視して学術誌で公刊するか，まったく何もしないようなのだ。食品医薬品局は法令を守らなかった製薬会社に対して罰金を課すことをしていない。また，学術誌は，試験登録の要件を一貫して強制しているわけではない[5]。学術誌の査読者のほとんどは，査読対象となっている原稿と試験登録の食い違いをを確かめない。査読者は，食い違いを確かめるのは編集者の仕事だと思っている。ただ，編集者は編集者で，それは査読者の仕事だと思っているのだが[28]。

　こうした報告と登録に関する要件は，当然，他の科学の分野には適用されない。心理学などの分野の研究者は，先行登録がなされた研究を特別なものとして分類することで，登録を推進することを提案している。しかし，こうした努力はまだ実を結んでいない[29]。他にも，データ収集前に，あらかじめ研究プロトコルの査読をした上で，研究を受け入れるかどうかを学術誌に判断させるという提案がある。受け入れられるかは，研究の結果でなく，研究計画の質のみによって判断される。だが，これはあまり広く使われているものではない。多くの研究はただ消え去るだけなのだ。

ヒント

- ClinicalTrials.govや欧州連合臨床試験登録（EU Clinical Trials Register; http://www.clinicaltrialsregister.eu）のような公的データベースにプロトコルを登録しよう。世界保健機構は，国際臨床試験登録プラットフォームの

ウェブサイト（International Clinical Trials Registry Platform; http://www.who.int/ictrp/en/）に一覧を載せている．SPIRIT チェックリスト（http://www.spirit-statement.org/）はプロトコルに含むべきものを一覧している．可能であるときは必ず，結果の要約を投稿しよう．

- 試験でプロトコルからのずれがあれば，どんなことでも記録しよう．そしてそのずれについて公刊する論文の中で議論しよう．
- 可能であれば，ジェンバンクやタンパク質構造データバンク（PDB）といった専門のデータベース，あるいはドライアドやフィグシェアといった一般的なデータリポジトリから，すべてのデータを入手できるようにしておこう．
- データを分析するために使用したソフトウェアのソースコード，Excel のワークブック，分析スクリプトなどを公開しよう．多くの学術誌では，こうしたものを論文の補充資料として提出させている．あるいは，ドライアドやフィグシェアで公開することもできる．
- 自分自身の研究分野の報告ガイドラインに従おう．例えば，臨床試験においては CONSORT，疫学での観察研究においては STROBE，動物実験においては ARRIVE，遺伝子関連研究においては STREGA といったガイドラインがある．EQUATOR ネットワーク（http://www.equator-network.org/）には，医学のさまざまな分野におけるガイドラインのリストが維持管理されている．
- 否定的な結果が得られたとしたら，それを公刊しよう．否定的な結果をつまらないものであるとして却下する学術誌があるので，『プロス・ワン』や『トライアルズ』（Trials）のように査読はあるものの，つまらないからと言って研究を却下することがないオープンアクセスの電子版のみの学術誌に投稿することを考えるようにしよう．否定的なデータは，フィグシェアに掲載することもできる．

第12章　何ができるだろうか

　ここまでで気がめいるような絵を描いてきた。だけれども，公刊された研究のささいな点をとらえて，誤りをたくさん載せたリストを作ることは，誰にだってできる。こうしたことは問題となるのだろうか。

　うん，そうだ。そうでなかったらこの本を書いていなかっただろう。

　ジョン・ヨアニディスが書いた有名な論文として「なぜほとんどの公刊された研究上の発見は間違っているのか」[1]というものがある。これは，さまざまな研究の結果を実証的に調べたというよりも，むしろ数理的観点に基づいて書いたものだ。検定対象となる仮説のほとんどが実は偽であり，さらに実は真である仮説のほとんどが効果がとても小さく，そして，ほとんどの研究論文で検定力が不足しており，都合の良い結果が得られる手法を選ぶ自由があるために，非常に多くの偽陽性の結果が得られることが，ヨアニディスの論文で数理的に確かめられている。

　実証的な研究としては，ジョナサン・シェーンフェルドとジョン・ヨアニディスによる研究がある。この研究では「私たちが食べるものは何でもガンと関係するのか」という問題が扱われた[2]*1。2人は料理本からありふれた食材を50種類選ぶと，これらの食材とガン罹患率とを結びつけている研究を探しはじめた。すると，40種類の食材で合わせて216個の研究を発見した。当然

---

*1　原注：現在継続中の腫瘍学オントロジープロジェクト（Oncological Ontology Project）の重要な要素として，すべてのものをガンを治すものとガンを引き起こすものの2種類に分けることが挙げられる。

のことではあるが，研究はほとんど互いに一致していなかった。ほとんどの食品について，その食品がガンになるリスクを増加させると主張する研究と減少させると主張する研究の両方があった（悲しいことに，ベーコンは，ガンのリスクを増加させるということが一貫して見られた数少ない食材だった）。こうした研究の統計的な証拠はほとんどが弱いもので，メタ分析をすればたいてい元の研究よりずっと小さな効果しかないことが示された。

ありふれたものがガンを引き起こすというニュースを無視できるようになっていれば，これは深刻な問題にならないかもしれない。ただ，もしそう考えたなら，医学研究において最も権威ある学術誌の1つである『ニュー・イングランド・ジャーナル・オブ・メディシン』に2001年から2010年までに掲載された研究論文をすべて調べた再調査のことを考慮に入れてみよう。この再調査によれば，現在の標準的医療行為について検証した363本の論文のうち，146本，すなわちおよそ40%が現在の標準的医療行為をやめて前の治療法に戻すべきだと結論づけていた。現在の標準的医療行為の効果を再確認した研究は138本に過ぎなかった[3]。

鋭い読者ならば，これらの数字が公刊の偏りに影響されているか考えるだろう。『ニュー・イングランド・ジャーナル・オブ・メディシン』は，現在の標準を否定する論文の方がおもしろいという理由で，否定的なものを掲載する方向に偏っているのかもしれない。しかし，治療に関する現在の標準への検証は実に珍しいものであり，編集者の目を惹きつけそうなものだ。たとえ偏りが存在していたとしても，医療行為においてこうした逆戻りが大量にあることは，やっかいなはずだ*2。

別のある再調査では，メタ分析とその後行われた大規模なランダム化比較試験との比較がなされた。このうち3分の1以上の事例で，ランダム化試験の結果がメタ分析とうまく合わなかった。これは，メタ分析において多くの小規模

---

*2　原注：さらに鋭い読者は，とても多くの研究に欠陥があるとすれば，現在の医療行為が間違っているとするこうした研究をなぜ信用しなくてはならないのかと問うだろう。こう考えるのはもっともだ。だが，こう考えると，とても不確かな状況に置かれることになる。どの研究を信用すべきかが分からなかったとしたら，何が最も良い治療法になるのだろうか。

な研究を慎重にまとめたとしても，信頼のおける証拠となりえないことを示唆する[4]。メタ分析について比較した別の研究によれば，メタ分析の結果のほとんどが誇張されたものであり，データが付け加わって情報が更新されるたびに効果量が減っていくことが分かった。そして，メタ分析の結論の5分の1が偽陽性であるかもしれない[5]。

　当然のことながら，追跡研究やメタ分析で矛盾が起きていたとしても，論文が正しいもののように用いられることが妨げられることはない。疑う余地がない結果を見せた膨大な追跡試験と矛盾する効果であったとしても，5年後や10年後にたびたび引用されることがある。そして，その結果が誤っていると科学者が気づいていないように思われることもある[6]。もちろん，新しい発見というものは広く報道されるものだが，矛盾や修正というものはほとんど言及されない[7]。だから，科学者が知らなかったとしても，非難しにくい。

　単に偏りがあるに過ぎない結果のことを忘れないようにしよう。医学誌における報告の基準が低劣なものだったとしたら，統合失調症の新しい治療法を試す研究で，症状を評価するのに使った尺度を報告しないで済ませられるといったことが起きる。偏りはここから簡単に生まれる。自己流の未公開の尺度を用いた試験は，過去に有効だと検証された試験を用いるよりも良い結果を生み出しがちだからだ[8]。別の医学に関する研究では，不都合であったりつまらなかったりする特定の結果を単純に除外している。このことにより，その後のメタ分析では前向きな結果しか含まれなくなるという偏りが生まれてしまう。そして，メタ分析の3分の1がこの問題によって悪影響を受けていると推定されている[9]。

　生命科学以外の自然科学の論文でも，多くが信頼区間を誤用している[10]。査読を受けた心理学の論文の中には，探索的研究における統制のない多重比較を通じて，超能力の証拠を示したとされるものがある[11]。当然，検定力を計算しなかったようにしか見えない科学者によって作られたこの結果は，再現されなかった[12]。

　それでは，私たちに何ができるだろうか。どうすれば後々まで残る印刷物からのこうした誤りを防ぐことができるだろうか。良い出発点は統計教育にあるだろう。

12.1 統計教育

　米国で科学を専攻する学生のほとんどが，最低限の統計教育しか受けていない。必修授業は多くて1，2科目といったところで，ほとんどの学生には必修授業がまったくない。そして，こうした必修授業の多くが，検定力や多重比較といった重要な概念を扱っていない。さらに，大学の教員の報告するところによれば，たとえ学生が統計の授業を取ったとしても，学生は適切な統計技法を完全に理解することは決してなく（あるいは理解したとしても忘れてしまって），科学的問題に統計的概念を適用することができない。こうした状況は変える必要がある。ほとんどすべての自然科学の分野が，実験データの統計分析に左右される。このため，統計上の誤りは，研究助成金や研究者の持つ時間を無駄にするのだ。

　現役の科学者が必要としていることに合う新しいカリキュラムを導入した上で，こうした素材を用いた授業を学生に義務づけるべきだと主張したくなるかもしれない。そして，それで問題が解決すると考えたくなるかもしれない。だが，科学教育に関して行われた大量の研究が，そうはうまくいかないことを示している。典型的な講義で学生に教えられることはほとんどない。これは，単純に，講義というものが難しい概念を教えるのに不向きだからだ。

　あいにく，科学教育に関する研究のほとんどは，統計教育に特化したものではない。とはいえ，物理学者が同種の問題について大量の研究をしている。それは，物理の入門段階にある学生に，力・エネルギー・運動学の基本的な概念を教えるという状況についての研究だ。参考になる事例として，14個の物理学の授業に関して2084人の学生に対して実施された大規模調査がある。この調査では，授業をとる前ととった後に，力学概念指標[*3]で基本的な物理の概念に対する学生の理解状況を測っている。授業が始まった段階では，学生は知識に穴がある状態だった。そして，講師が力学概念指標は簡単すぎると見なしていたにもかかわらず，学期が終わった段階ではそうした穴のうち23%しか

[*3] 訳注：力学概念指標（Force Concept Inventory; FCI）とは，学生の力学に関する理解の程度を測定するテストで，物理教育の改善のために用いられている。

埋まっていなかった[13]。

　結果が悪いのは，講義というものが学生の学び方に合っていないからだ。学生には，基本的な物理に関して日常の体験から得られた先入観がある。例えば，誰もが押されたものは最後には止まるということを「知っている」。現実世界のどのような物体も実際にそうなるからだ。とはいえ，運動中の物体は外部の力が作用しないかぎり運動しつづけるというニュートンの第一の法則を教えるときには，学生が先入観を即座に捨てて，摩擦力で物体が止まるという新たな理解を得ることが期待される。だが，物理の学生への対面調査を通じて，入門の授業で数多くの意外な誤解が生まれていることが明らかになっている[14,15]。誤解というものは，ゴキブリのようなものだ。どこから来るか分からないのに，どこにだっている。そして，思いもつかなかったところにいることがしばしばある。さらには，核兵器にだって耐えぬく。

　私たちは，問題解決と新たな理解に基づく推論とを学生が習得できることを期待してしまうが，普通は学生はそうならない。講義が自分自身の持つ誤解と矛盾していることを見た学生は，後にその誤解に対してより強い自信を持つようになるし，知識を問う単純な試験の成績も良くならない。講義で扱われているのがすでに「知っている」概念であるために注意を払わないということが，学生からしばしば報告されている[16]。同様に物理学の概念に関する実演も，学生の理解をほとんど改善させない。誤解している学生は，誤解に基づいて実演を解釈しようとするからだ[17]。そして，こうした学生が正しい質問を授業ですることも期待できない。なぜかと言えば，こうした学生は自分が理解していないことに気づいていないからだ。

　統計的仮説検定を教えるときにこうした結末になることを示した研究が，少なくとも1つある。その研究によれば，たとえp値や仮説検定の結果全般に関する誤った解釈についてはっきり警告する記事を読んだ後でも，仮説検定に関する質問紙に正しく答えられた学生は13%しかいなかった[18]。学生が根本的に統計について誤解しているのならば，本書のようなものを学生に課題として読ませてもあまり役に立たないのは明らかだ。統計の基礎は多くが直観的なものではない（そうでないかもしれないが，少なくとも，統計の基礎は直観的に教えられてはいない）。そして，誤解を生む機会は非常に多く存在している。どうす

れば，学生がデータ分析と合理的な統計的推論ができるように，最もうまく教えることができるだろうか。

　ここでも，物理教育研究から得られた手法が解決の糸口になる。学生に誤解と向き合わせてそれを正すことが講義によって達成できないのであれば，それができる手法を用いなくてはならないだろう。こうした手法の代表的な例として，ピア・インストラクション（peer instruction）がある。この手法による授業では，授業前に文章や動画が学生に課題として出される*4。そして，授業時間は基本的概念を復習することと概念に関する質問に答えることに用いられる。講師が正解を示す前に，学生は答えを選んだ上でなぜ自分の答えが正しいと考えたのかについて議論させられる。こうすることで，学生はどんなときに自分の誤解が現実に合わないかがすぐに分かるし，講師は問題が大きくなる前にその存在を見つけられる。

　ピア・インストラクションは多くの物理学の授業で成功裏に実施されている。力学概念指標を用いた調査によって，ピア・インストラクションの授業で，学生の学習成果が典型的には2倍から3倍になり，学期の始めに存在していた知識の穴の50%から75%が埋まることが分かっている[13,19,20]。そして，概念理解に注力していたにもかかわらず，ピア・インストラクションの授業を受けた学生の数量的・数学的問題への成績は，講義による授業を受けた学生と同等か上回るものだった。

　今のところ，統計の授業でピア・インストラクションが与える影響についてのデータは，相対的にわずかなものしかない。いくつかの大学では，学生が専門分野の問題に対してすぐに統計に関する知識を適用できるように，統計の授業を科学の授業と結びつける実験的取り組みを行っている。予備的な調査の結果を見ると，こうした取り組みはうまくいくようだ。こうした取り組みによって，学生は統計についてより多くのことを学び，それを忘れないようになった。そして，強制的に統計の授業を取らされることに対して学生が不満を漏らすこ

---

*4　訳注：ここでの「文章」は教科書などが，「動画」は動画による講義などが想定されている。学生は課題となった文章を読んだり，動画を見たりすることで，新たな知識を授業前に学ぶことが求められる。とはいえ，授業前に学んだだけでは十分に定着しないので，授業時間に復習などをして身につけるのだ。

とは減った[21]。より多くの大学が，こうしたやり方を採用し，「統計学における成果の包括的評価」(Comprehensive Assessment of Outcomes in Statistics) [22]のような概念に関するテストを使ったピア・インストラクションを試み，同時に，どの手法が最もうまくいくかを見るための試験的な授業をすべきだ。単純に今ある授業を変えれば，大規模な新教育プログラムを導入するよりも，学生は日常の研究で必要となる統計ができるような教育を十分に受けられるだろう。

しかし，どの学生も教室で統計を学ぶわけではない。私は，実験室でのデータを分析する必要があったにもかかわらず，どうすれば良いか分からなかったときに，初めて統計に触れた。しっかりとした統計教育がもっと広まるまでは，多くの学生や研究者が私と同じような状態になって，統計に関する資料を必要とするだろう。「t 検定の方法」とグーグルで検索するような向上心のある多くの科学者は，よくある誤りと応用が念頭に置かれた自由に入手できる教材を必要としている。オープンソースで自由に再配布できる統計の入門書『オープンイントロ・スタティスティクス』(*OpenIntro Statistics*) のようなプロジェクトは有望だが，それ以上のものが必要となるだろう。近い将来，より進んだものが見られることを期待している。

12.2　学術出版

学術誌は，今まで論じてきた問題の多くを解決するために少しずつ前進している。ランダム化試験のための CONSORT のような，報告に関するガイドラインは，公刊される論文を再現可能なものにするために必要な情報が何かということをはっきりさせている。残念ながら，今まで見てきたようにこれらのガイドラインが強制されることは少ない。私たちは，より厳格な基準を論文の執筆者に守らせるために，学術誌に圧力をかけつづけなくてはならない。

一流の学術誌はこの先頭に立つ必要がある。『ネイチャー』はそのようにしはじめていて，論文が公刊可能になる前に著者が埋めなくてはならない新たなチェックリストを発表している[23]。このチェックリストでは，標本の大きさ，検定力の計算，臨床試験登録番号，完全な CONSORT チェックリスト，多重比較をするための調整について報告することを求め，データとソースコードを

共有することも求めている。このガイドラインは本書で扱われているほとんどの問題を対象としている。ただし，停止規則，p値より信頼区間を優先的に用いること，登録済みのプロトコルから臨床試験が乖離(かいり)した理由について議論することは『ネイチャー』のチェックリストには書かれていない。また，『ネイチャー』は，査読者から要望があれば，論文について統計学者に相談できるようにしようとしている。

『サイコロジカル・サイエンス』(Psychological Science)という評判の高い学術誌も，最近，同様の措置をとった。そして，手法と結果に関する節を論文の総語数の制限から外した上で，除外されたデータ，有意でなかった結果，標本の大きさに関する計算を完全に公開することを求めた。研究プロトコルの事前登録およびデータ共有は強く推奨されている。また，この学術誌の編集者は「新しい統計学」(new statistics)という考えを採用している。この「新しい統計学」では，きりがないp値よりも，信頼区間と効果量の推定が重視される[24]。しかし，信頼区間は義務づけられているわけではないので，この学術誌で推奨されていることが，心理学者の慣行に影響を及ぼすかは定かではない。

それでもなお，さらに多くの学術誌が同様にすべきだ。こうしたガイドラインが学術界に受け入れられるにつれ，ガイドラインが強制的に実行されるものとなっていくだろうし，結果として，研究ははるかに信頼できるものになるだろうし，その再現可能性はさらに強いものになるだろう。

また，科学において憂(うれ)うべき動機付けの構造が存在しているという言い分もある。この構造によって，科学者に対してやっつけ仕事のような統計手法で小規模の研究を急いで公刊させるような圧力がかかっている。昇進・終身在職権(テニュア)*5・昇給・採用はすべて，権威ある学術誌に公刊された文献の長いリストに左右される。だから，有望な結果をできるだけ早く公刊することに強い動機付けが働く。大学の人事委員会は，自分自身の研究論文を量産する働き過ぎの学者によって構成されているから，個々の文献の質や独自性をくまなく調査することはできない。そのかわり，近似計算としての権威と量を頼みにし

---

*5 訳注：北米の大学などでは，基本的に，教員として採用された時点では任期付きで，任期が終わると職位を失うことになる。しかし，任期付きの教員が業績を重ねると，大学側から終身雇用を保障されるようになる。これが終身在職権と呼ばれるものだ。

ている。大学ランキングは公刊された文献の数とうまく手に入った研究助成金によって決まるところが非常に大きい。そして，否定的だったり統計的に有意でなかったりする結果は最高級の学術誌には載らないだろうから，多くの場合，そうした結果を公刊するための準備に骨を折る価値はない。低めの等級の学術誌で論文を発表することは，他の学者から悪いしるしだと思われるかもしれない。

ところで，権威ある学術誌は投稿の大部分の掲載を拒否することでその権威を保っている。『ネイチャー』が掲載を許可するのは 10% に満たない。建前としては，紙版の学術誌にページ制限があるので，こうすることになっている。もっとも，大部分の学術論文はオンラインで読まれているのだが。学術誌の編集者は，及ぼす影響と惹きつける関心が最大となるような論文はどれかということを判断しようとする。したがって，最も驚きをもたらすようなものか，最も論争を生むようなものか，最も新規性があるものを選ぼうとするだろう。今まで見てきたように，これは事実の誇張のほか，結果報告の偏りや公刊の偏りを生み出すもとであり，再現研究や否定的な結果を出すことを強く思いとどまらせる。

オープンアクセスの学術誌『プロス・ワン』や，バイオメド・セントラル社 (BioMed Central) の多くの学術誌のように，オンラインでしか発行されない学術誌は，ページ数による限界がないし，明らかにおもしろさが少ない論文でも公刊に関する制限は少ない。だが，時に『プロス・ワン』はさらに権威のある学術誌ではうまくいかなかった論文の廃品処理場と見なされることがあり，『プロス・ワン』での論文公刊が，雇い主候補を心配させることになるのではないかと恐れる科学者もいる（『プロス・ワン』は単一の学術誌としては最も規模が大きいものでもあり，今では 1 年で 3 万本以上の記事を出している。だから，明らかに汚名のしるしは大きすぎるものではない）。『プロス・バイオロジー』(PLOS Biology) や『BMC バイオロジー』(BMC Biology) のようにさらに権威の高いオープンアクセスの学術誌は，掲載する論文を非常にしぼっていて，統計に関する運だけで決まる宝くじのような状態を同様に助長している。

変化を促進するために，ノーベル賞受賞者であるランディ・シェクマンは 2013 年に本人と自分の研究室にいる学生が『サイエンス』や『ネイチャー』

のような「ぜいたく」な学術誌に論文をこれ以上載せることはないと発表した*6。そして、かわりに、大部分の論文を掲載拒否することで人為的な公刊制限を行うことがない、シェクマンが編集をしている『イーライフ』(*eLife*) のようなオープンアクセスの学術誌に注力しようとしている[25]。もちろん、シェクマンとその学生はノーベル賞で守られている。この賞は、研究成果を載せた学術誌の誌名よりも、ずっと研究成果の価値を示すものだ。ただ、ノーベル賞を受賞したことがない平凡な研究室にいる平凡な大学院生は、こんな過激な動きで自らのキャリアを傷つけるリスクを負うことはできない。

シェクマンは、ノーベル賞によって守られているため、他の人たちが恐れて主張できないでいることを主張できるのかもしれない。それは、明確に統計的に有意で適用範囲が広い論文を取り乱したかのようにどんどん出すことが科学を傷つけるという主張だ。人々は統計的有意性に執着し、たとえ統計を分かっていなくても、有意性を得るためなら何でもする。時間と金銭を費やして、より大規模でより信頼できる研究を実施するかわりに、履歴書を水増しするために、小規模で検定力の足りない研究を大量に生み出している。

権威ある学術誌の専制政治を代替する選択肢として、論文単位の評価指標 (article-level metrics; ALM) というものが提唱されている。掲載された学術誌の権威で論文を評価するかわりに、その論文自体の影響力を大まかに測ることで評価するのだ。オンラインのみで発行される学術誌については、論文がどれだけ読まれたか、他の論文でどれだけ引用されたか、そして Twitter や Facebook でどれだけ頻繁に議論されたかといったことですら簡単に測定することができる。この評価指標は、インパクトファクター(引用影響度)より優れている。インパクトファクターは、ある年に公刊されたすべての研究論文によって引用された回数を学術誌ごとに平均したものだ。これは、権威ある学術誌に載った記事が掲載誌の持つ権威と知名度によって頻繁に引用されるようになるという点で、自己強化的な評価指標になっている。

---

*6 訳注:ランディ・シェクマン(Randy Schekman, 1948-)は米国の細胞生物学者で、2013年に「細胞内の主要な輸送システムである小胞輸送の制御機構の発見」という功績でノーベル医学・生理学賞を受賞した。なお、シェクマンのノーベル賞受賞が決まったのは2013年の10月で、『サイエンス』などに載せないと言ったのは2013年の12月だ。

解決方法はそんなに単純なものではないと思う。オープンアクセスの学術誌において，論文単位の評価指標は一般大衆の中で人気があるものに報いる形になる（オープンアクセスの論文は誰でも自由に読めるからだ）。だから，チキンナゲットの不快な組成[*7,8]についての論文の方が，遺伝学の深遠で分かりにくい分野における重大な成果を載せた論文より点数は高くなるだろう。1つだけで物事を解決する魔法があるわけではない。学術界の文化は，綿密かつ厳密で統計的に意味があるものに報いるように少しずつ変わっていかなくてはならないだろう。

12.3　あなたがすべきこと

現代の科学者に課せられた要求は過大だ。ほとんどの科学者は，急速に進歩する自分の専門分野を完璧に把握することはもちろん，プログラミング（バージョン管理・ユニットテスト・良きソフトウェアエンジニアリング実践を含む），統計グラフの作成，学術論文の執筆，研究グループの管理，学生の指導，データの管理と集積，授業，研究費の応募，他の科学者の業績に対する査読，そしてこの本で求めてきた統計技能が得意であることが期待されている。普通の人は，こうした技能のうち1つを完璧に把握するために職業生活のすべてをささげる。だが，科学者は，競争に負けないために，こうした技能のすべてが得意である

[*7]　原注：ほとんどが脂肪・骨・神経・結合組織で占められている。ただし，残念ながらこの論文は実はオープンアクセスではない[26]。チキンナゲットのブランドは特定されていない。

[*8]　訳注：原注の説明はやや丁寧さに欠ける。ここで触れられている論文のタイトルは「チキンナゲットに対する検死解剖は『チキンリトル』であることを示す」(The Autopsy of Chicken Nuggets Reads "Chicken Little") というものだ。チキンナゲットは文字どおりに言えば，鶏肉の塊となるはずだ。しかし，この論文の著者が米国の2つの全国的食品チェーンのチキンナゲットを調査したところ，脂肪が占める割合が，横紋筋（いわゆる骨格筋）が占める割合と同じぐらいかそれ以上であった。さらに上皮・骨・神経・結合組織も含まれていた。つまり，調査対象となったチキンナゲットには，肉そのものがあまり含まれていない。この結果から，この論文では「チキンナゲット」というのは不適当な名称であり，鶏肉がわずかしかない「チキンリトル」と呼ぶべきだと述べている。真面目な学術誌に載った論文がこうした冗談のような結論を述べているところが，一般大衆にとってもウケたのだ。

ことが求められる。

　これは馬鹿げた話だ。米国では大学院の博士課程を5年から7年続けることができるが、それでも、試行錯誤を行う以外に、こうした技能のすべてを教える時間はない*9。実験計画と統計分析の課程を1年か2年追加で受けさせることは現実的でないと思われる。統計学者を除けば、誰にそんなことをする時間があるというのか。

　この問題に対する解決策の1つとして、外注がある。地域の統計学科が提供しているかもしれない統計に関するコンサルティングサービスを利用し、数時間の無料コンサルティングの枠を超えて統計について必要なことがあるのならば、統計学者を共同研究者として引きこもう（多くの統計学者は「オタクのねらいうち」*10 に引っかかりやすい。興味深い問題を示せば、それを解かずにはいられなくなるだろう）。論文に共著者として名前を連ねることと引き替えに、統計学者は2学期かけて行われる統計の入門授業では得られないような価値ある専門的知識で貢献してくれるだろう。

　それでもなおデータ分析を自分で行おうとするのならば、統計のしっかりとした基礎が必要になるだろう。たとえ統計コンサルタントが言っていることを理解するだけであっても、統計の基礎は必要だ。応用統計学のしっかりとした授業は、基本的な仮説検定、回帰、検定力の計算、モデル選択、Rのような統計用プログラミング言語を対象範囲とすべきだ。あるいは、少なくとも、授業でこうした概念が存在することに触れるべきだ。検定力についての完全な数学的説明はこのようなカリキュラムにはそぐわないかもしれないが、学生は検定力というものの存在を認識すべきだし、必要があるときに検定力の計算を依頼することを知っておくべきだ。残念なことに、私の見たかぎりでは、どの応用統計学のシラバス（授業実施要綱）においても、こうした話題のすべてを扱うことはできていない。多くの教科書はこうした話題をほんの簡単にしか触れて

---

*9　原注：プロのプログラマーは、学術界にいるプログラミングを自習した友人が書いたぞっとするようなコードについての話を交わすことがしばしばある。

*10　訳注：「オタクのねらいうち」は英語では、"nerd sniping" という。これは、オンラインコミックの xkcd に載った同名の作品（https://xkcd.com/356/）に由来する表現で、専門家的なオタクに対して、そのオタクが好むようなものを出して、その興味を誘うことを指す。

いない。

　誤った自信に注意しよう。じきに，他人と違って自分の研究では統計に関するへまをやらかさないという自己満足におちいるかもしれない。だが，この本ではデータ分析に関する数学について綿密な紹介をしたわけではない。この本で紹介したような単純な概念的な誤りのほかにも，統計でへまをやらかす方法はたくさんある。通常とは違う実験を計画したり，大規模な試験を実施したり，複雑なデータを分析したりするのなら，始める前に統計学者に相談しよう。有能な統計学者ならば，擬似反復のような問題を緩和する実験計画を提案することができるし，研究上の課題に応えるための正しいデータ（そして正しい量のデータ）の収集を助けることができる。多くの人が犯してしまっているように，データを手に持ちながら統計コンサルタントのオフィスにおもむいて「で，これが統計的に有意だということがどう分かるんだい？」と聞くような罪を犯してはならない。統計学者は研究における協力者であるべきで，マイクロソフトのExcelの代用品であってはならない。チョコレートやビールを統計学者のところに持っていくなり，あるいは次の論文の共著者にするなりすれば，引き換えに良い助言を得ることができるだろう。

　もちろん，自分のデータを分析すること以上にやることはある。科学者は他の科学者が書いた論文を読むのに大量の時間を費やす。そして，他の科学者が統計をどれだけしっかり把握しているかは，まったく分からない。だから，他の科学者の論文を読むときには，以下のような統計分析に関する重要な部分を探し出すようにしよう。

- 研究の検定力，あるいは適切な標本の大きさを決めるための他の手段について
- 分析において，変数がどのように選ばれたり捨てられたりしたのかについて
- 示された統計の結果が論文の結論を支持しているかについて
- 有意性検定にともなう効果量の推定や信頼区間が，実質的な重要性を持つ結果となっているかについて
- 適切な統計的仮説検定が用いられているか，そして多重比較における補正

が必要な場合はどのように補正がなされているかについて
- 停止規則の詳細について

　練りあげられた研究報告のガイドライン（医学試験における CONSORT チェックリストなど）がある分野で働いているならば，そうしたガイドラインに習熟するようにし，論文を読むときにはガイドラインを念頭に置くようにしよう。論文の中からガイドラインで要求されている項目が漏れていたとしたら，その論文の結論にどんな影響を与えるのか，そして漏れている詳細を知らずに結果を信頼できるかということを自問するようにしよう。また，当然のことだが，未来の論文がより良いものになることを保証するために，学術誌の編集者がガイドラインを守らせるように圧力をかけるようにしよう。標準的な報告ガイドラインがない分野では，結論を評価するのに必要な情報をどの論文もすべて含むようにするためのガイドラインを作るために働くようにしよう。

　ここまでの話をまとめると，あなたがすべきことは以下の簡単な 4 つのステップで表現することができる。

1. 統計の教科書を読むか，良い統計の授業を取ろう。繰り返し練習しよう。
2. 自分のデータ分析をあらかじめ慎重に計画しよう。ここまでで述べてきたような誤解や間違いを避けよう。データを集めはじめる前に統計学者に話をしよう。
3. もし，p 値に対する単純な誤解のようにありふれた間違いを科学に関する文献で見つけたら，犯人の頭を統計学の教科書で殴りつけよう[*11]。これは治療に役立つ。
4. 科学に関する教育と科学に関する出版の変化を推し進めるようにしよう。これは私たちの研究だ。うまくやろう。

[*11] 訳注：薄っぺらい教科書で殴ってもあまり衝撃はないので，それなりの厚みのある教科書の方がこの目的には適しているだろう。なお，全般的に言えば，英語圏の統計の教科書の方が，日本語の統計の教科書よりも大きくて厚みのあることが多い。ただし，実際に教科書で殴った場合にもたらされる結果について，訳者は責任を負いかねる。

参考文献

　BMJ, BMC, PLOS などから出版されている論文は，オンラインで自由に手に入れることできる．他の文献の無料のコピーは，タイトルで検索すれば見つかることがある．ほとんどの参考文献には，デジタルオブジェクト識別子（DOI）が付されていて，http://dx.doi.org/ で入力すれば，その記事のオンライン上の正式版を見つけることができる．

はじめに

[1] J.P.A. Ioannidis. "Why Most Published Research Findings Are False." *PLOS Medicine* 2, no. 8 (2005): e124. DOI: *10.1371/journal.pmed.0020124*
[2] N.J. Horton and S.S. Switzer. "Statistical Methods in the *Journal*." *New England Journal of Medicine* 353, no. 18 (2005): 1977-1979. DOI: *10.1056/NEJM200511033531823*
[3] B.L. Anderson, S. Williams, and J. Schulkin. "Statistical Literacy of Obstetrics-Gynecology Residents." *Journal of Graduate Medical Education* 5, no. 2 (2013): 272-275. DOI: *10.4300/JGME-D-12-00161.1*
[4] D.M. Windish, S.J. Huot, and M.L. Green. "Medicine residents' understanding of the biostatistics and results in the medical literature." *JAMA* 298, no. 9 (2007): 1010-1022. DOI: *10.1001/jama.298.9.1010*
[5] S. Goodman. "A Dirty Dozen: Twelve *P*-Value Misconceptions." *Seminars in Hematology* 45, no. 3 (2008): 135-140. DOI: *10.1053/j.seminhematol.2008.04.003*
[6] P.E. Meehl. "Theory-testing in psychology and physics: A methodological paradox." *Philosophy of Science* 34, no. 2 (1967): 103-115. DOI: *10.1086/288135*
[7] G. Taubes and C.C. Mann. "Epidemiology faces its limits." *Science* 269, no. 5221 (1995): 164-169. DOI: *10.1126/science.7618077*

[8] D. Fanelli and J.P.A. Ioannidis. "US studies may overestimate effect sizes in softer research." *Proceedings of the National Academy of Sciences* 110, no. 37 (2013): 15031-15036. DOI: *10.1073/pnas.1302997110*

[9] J. M. Steele. "Darrell Huff and fifty years of *How to Lie with Statistics*." *Statistical Science* 20, no. 3 (2005): 205-209. DOI: *10.1214/088342305000000205*

[10] G. Cumming. "The new statistics: Why and how." *Psychological Science* 25, no. 1 (2014): 7-29. DOI: *10.1177/0956797613504966*

第 1 章

[1] B. Thompson. "Two and One-Half Decades of Leadership in Measurement and Evaluation." *Journal of Counseling & Development* 70, no. 3 (1992): 434-438. DOI: *10.1002/j.1556-6676.1992.tb01631.x*

[2] E.J. Wagenmakers. "A practical solution to the pervasive problems of p values." *Psychonomic Bulletin & Review* 14, no. 5 (2007): 779-804. DOI: *10.3758/BF03194105*

[3] J. Neyman and E.S. Pearson. "On the Problem of the Most Efficient Tests of Statistical Hypotheses." *Philosophical Transactions of the Royal Society of London, Series A* 231 (1933): 289-337. DOI: *10.1098/rsta.1933.0009*

[4] S.N. Goodman. "Toward Evidence-Based Medical Statistics. 1: The P Value Fallacy." *Annals of Internal Medicine* 130, no. 12 (1999): 995-1004. DOI: *10.7326/0003-4819-130-12-199906150-00008*

[5] S.N. Goodman. "p values, hypothesis tests, and likelihood: implications for epidemiology of a neglected historical debate." *American Journal of Epidemiology* 137, no. 5 (1993): 485-496.

[6] R. Hubbard and M.J. Bayarri. "Confusion Over Measures of Evidence (p's) Versus Errors (α's) in Classical Statistical Testing." *The American Statistician* 57, no. 3 (2003): 171-178. DOI: *10.1198/0003130031856*

[7] M.J. Gardner and D.G. Altman. "Confidence intervals rather than P values: estimation rather than hypothesis testing." *BMJ* 292 (1986): 746-750. DOI: *10.1136/bmj.292.6522.746*

[8] G. Cumming, F. Fidler, M. Leonard, P. Kalinowski, A. Christiansen, A. Kleinig, J. Lo, N. McMenamin, and S. Wilson. "Statistical Reform in Psychology: Is Anything Changing?" *Psychological Science* 18, no. 3 (2007): 230-232. DOI: *10.1111/j.1467-9280.2007.01881.x*

[9] P.E. Tressoldi, D. Giofré, F. Sella, and G. Cumming. "High Impact = High Statistical Standards? Not Necessarily So." *PLOS ONE* 8, no. 2 (2013): e56180. DOI: *10.1371/journal.pone.0056180*

[10] B. Thompson. "Why 'Encouraging' Effect Size Reporting Is Not Working: The Etiology of Researcher Resistance to Changing Practices." *The Journal of Psychology* 133, no. 2 (1999): 133-140. DOI: *10.1080/00223989909599728*

[11] J. Cohen. "The earth is round ($p < .05$)." *American Psychologist* 49, no. 12 (1994): 997-1003. DOI: *10.1037/0003-066X.49.12.997*

[12] F. Fidler, N. Thomason, G. Cumming, S. Finch, and J. Leeman. "Editors Can Lead Researchers to Confidence Intervals, but Can't Make Them Think: Statistical Reform Lessons From Medicine." *Psychological Science* 15, no. 2 (2004): 119-126. DOI: *10.1111/j.0963-7214.2004.01502008.x*

第 2 章

[1] P.E. Tressoldi, D. Giofré, F. Sella, and G. Cumming. "High Impact = High Statistical Standards? Not Necessarily So." *PLOS ONE* 8, no. 2 (2013): e56180. DOI: *10.1371/journal.pone.0056180*

[2] R. Tsang, L. Colley, and L.D. Lynd. "Inadequate statistical power to detect clinically significant differences in adverse event rates in randomized controlled trials." *Journal of Clinical Epidemiology* 62, no. 6 (2009): 609-616. DOI: *10.1016/j.jclinepi.2008.08.005*

[3] D. Moher, C. Dulberg, and G. Wells. "Statistical power, sample size, and their reporting in randomized controlled trials." *JAMA* 272, no. 2 (1994): 122-124. DOI: *10.1001/jama.1994.03520020048013*

[4] P.L. Bedard, M.K. Krzyzanowska, M. Pintilie, and I.F. Tannock. "Statistical Power of Negative Randomized Controlled Trials Presented at American Society for Clinical Oncology Annual Meetings." *Journal of Clinical Oncology* 25, no. 23 (2007): 3482-3487. DOI: *10.1200/JCO.2007.11.3670*

[5] C.G. Brown, G.D. Kelen, J.J. Ashton, and H.A. Werman. "The beta error and sample size determination in clinical trials in emergency medicine." *Annals of Emergency Medicine* 16, no. 2 (1987): 183-187. DOI: *10.1016/S0196-0644(87)80013-6*

[6] K.C. Chung, L.K. Kalliainen, and R.A. Hayward. "Type II (beta) errors in the hand literature: the importance of power." *The Journal of Hand Surgery* 23, no. 1 (1998): 20-25. DOI: *10.1016/S0363-5023(98)80083-X*

[7] K.S. Button, J.P.A. Ioannidis, C. Mokrysz, B.A. Nosek, J. Flint, E.S.J. Robinson, and M.R. Munafò. "Power failure: why small sample size undermines the reliability of neuroscience." *Nature Reviews Neuroscience* 14 (2013): 365-376. DOI: *10.1038/nrn3475*

[8] J. Cohen. "The statistical power of abnormal-social psychological research: A review." *Journal of Abnormal and Social Psychology* 65, no. 3 (1962): 145-153. DOI: *10.1037/h0045186*

[9] P. Sedlmeier and G. Gigerenzer. "Do studies of statistical power have an effect on the power of studies?" *Psychological Bulletin* 105, no. 2 (1989): 309-316. DOI: *10.1037/0033-2909.105.2.309*

[10] G. Murray. "The task of a statistical referee." *British Journal of Surgery* 75, no. 7

(1988): 664-667. DOI: *10.1002/bjs.1800750714*
[11] S.E. Maxwell. "The Persistence of Underpowered Studies in Psychological Research: Causes, Consequences, and Remedies." *Psychological Methods* 9, no. 2 (2004): 147-163. DOI: *10.1037/1082-989X.9.2.147*
[12] E. Hauer. "The harm done by tests of significance." *Accident Analysis & Prevention* 36, no. 3 (2004): 495-500. DOI: *10.1016/S0001-4575(03)00036-8*
[13] D.F. Preusser, W.A. Leaf, K.B. DeBartolo, R.D. Blomberg, and M.M. Levy. "The effect of right-turn-on-red on pedestrian and bicyclist accidents." *Journal of Safety Research* 13, no. 2 (1982): 45-55. DOI: *10.1016/0022-4375(82)90001-9*
[14] P.L. Zador. "Right-turn-on-red laws and motor vehicle crashes: A review of the literature." *Accident Analysis & Prevention* 16, no. 4 (1984): 241-245. DOI: *10.1016/0001-4575(84)90019-8*
[15] National Highway Traffic Safety Administration. "The Safety Impact of Right Turn on Red." February 1995. URL: *http://www.nhtsa.gov/people/injury/research/pub/rtor.pdf*
[16] G. Cumming. *Understanding the New Statistics*. Routledge, 2012. ISBN: 978-0415879682
[17] S.E. Maxwell, K. Kelley, and J.R. Rausch. "Sample Size Planning for Statistical Power and Accuracy in Parameter Estimation." *Annual Review of Psychology* 59, no. 1 (2008): 537-563. DOI: *10.1146/annurev.psych.59.103006.093735*
[18] J.P.A. Ioannidis. "Why Most Discovered True Associations Are Inflated." *Epidemiology* 19, no. 5 (2008): 640-648. DOI: *10.1097/EDE.0b013e31818131e7*
[19] J.P.A. Ioannidis. "Contradicted and initially stronger effects in highly cited clinical research." *JAMA* 294, no. 2 (2005): 218-228. DOI: *10.1001/jama.294.2.218*
[20] J.P.A. Ioannidis and T.A. Trikalinos. "Early extreme contradictory estimates may appear in published research: the Proteus phenomenon in molecular genetics research and randomized trials." *Journal of Clinical Epidemiology* 58, no. 6 (2005): 543-549. DOI: *10.1016/j.jclinepi.2004.10.019*
[21] B. Brembs, K.S. Button, and M.R. Munafò. "Deep impact: unintended consequences of journal rank." *Frontiers in Human Neuroscience* 7 (2013): 291. DOI: *10.3389/fnhum.2013.00291*
[22] K.C. Siontis, E. Evangelou, and J.P.A. Ioannidis. "Magnitude of effects in clinical trials published in high-impact general medical journals." *International Journal of Epidemiology* 40, no. 5 (2011): 1280-1291. DOI: *10.1093/ije/dyr095*
[23] A. Gelman and D. Weakliem. "Of beauty, sex, and power: statistical challenges in estimating small effects." *American Scientist* 97 (2009): 310-316. DOI: *10.1511/2009.79.310*
[24] H. Wainer. "The Most Dangerous Equation." *American Scientist* 95 (2007): 249-256. DOI: *10.1511/2007.65.249*
[25] A. Gelman and P.N. Price. "All maps of parameter estimates are misleading." *Statistics in Medicine* 18, no. 23 (1999): 3221-3234. DOI: *10.1002/(SICI)1097-0258(19991215)*

18:23<3221::AID-SIM312>3.0.CO;2-M
[26] R. Munroe. "reddit's new comment sorting system." October 15, 2009. URL: *http://redditblog.com/2009/10/reddits-new-comment-sorting-system.html*
[27] E. Miller. "How Not To Sort By Average Rating." February 6, 2009. URL: *http://www.evanmiller.org/how-not-to-sort-by-average-rating.html*
[28] K. D. Burnett. "Congressional Apportionment." November 2011. URL: *http://www.census.gov/prod/cen2010/briefs/c2010br-08.pdf*
[29] J. Cohen. "A power primer." *Psychological Bulletin* 112, no. 1 (1992): 155-159. DOI: *10.1037/0033-2909.112.1.155*
[30] 水本篤・竹内理.「効果量と検定力分析入門——統計的検定を正しく使うために——」『より良い外国語教育のための方法——外国語教育メディア学会（LET）関西支部メソドロジー研究部会 2010 年度報告論集——』(2010): 47-73.

第 3 章

[1] S.E. Lazic. "The problem of pseudoreplication in neuroscientific studies: is it affecting your analysis?" *BMC Neuroscience* 11 (2010): 5. DOI: *10.1186/1471-2202-11-5*
[2] S.H. Hurlbert. "Pseudoreplication and the design of ecological field experiments." *Ecological Monographs* 54, no. 2 (1984): 187-211. DOI: *10.2307/1942661*
[3] D.E. Kroodsma, B.E. Byers, E. Goodale, S. Johnson, and W.C. Liu. "Pseudoreplication in playback experiments, revisited a decade later." *Animal Behaviour* 61, no. 5 (2001): 1029-1033. DOI: *10.1006/anbe.2000.1676*
[4] D.M. Primo, M.L. Jacobsmeier, and J. Milyo. "Estimating the impact of state policies and institutions with mixed-level data." *State Politics & Policy Quarterly* 7, no. 4 (2007): 446-459. DOI: *10.1177/153244000700700405*
[5] W. Rogers. "Regression standard errors in clustered samples." *Stata Technical Bulletin*, no. 13 (1993): 19-23. URL: *http://www.stata-press.com/journals/stbcontents/stb13.pdf*
[6] L.V. Hedges. "Correcting a Significance Test for Clustering." *Journal of Educational and Behavioral Statistics* 32, no. 2 (2007): 151-179. DOI: *10.3102/1076998606298040*
[7] A. Gelman and J. Hill. *Data Analysis Using Regression and Multilevel/Hierarchical Models*. Cambridge University Press, 2007. ISBN: 978-0521686891
[8] J.T. Leek, R.B. Scharpf, H.C. Bravo, D. Simcha, B. Langmead, W.E. Johnson, D. Geman, K. Baggerly, and R.A. Irizarry. "Tackling the widespread and critical impact of batch effects in high-throughput data." *Nature Reviews Genetics* 11, no. 10 (2010): 733-739. DOI: *10.1038/nrg2825*
[9] R.A. Heffner, M.J. Butler, and C.K. Reilly. "Pseudoreplication revisited." *Ecology* 77, no. 8 (1996): 2558-2562. DOI: *10.2307/2265754*
[10] M.K. McClintock. "Menstrual synchrony and suppression." *Nature* 229 (1971): 244-245. DOI: *10.1038/229244a0*
[11] H.C. Wilson. "A critical review of menstrual synchrony research."

Psychoneuroendocrinology 17, no. 6 (1992): 565-591. DOI: *10.1016/0306-4530(92)90016-Z*

[12] Z. Yang and J.C. Schank. "Women do not synchronize their menstrual cycles." *Human Nature* 17, no. 4 (2006): 433-447. DOI: *10.1007/s12110-006-1005-z*

[13] A.L. Harris and V.J. Vitzthum. "Darwin's legacy: an evolutionary view of women's reproductive and sexual functioning." *Journal of Sex Research* 50, no. 3-4 (2013): 207-246. DOI: *10.1080/00224499.2012.763085*

第 4 章

[1] H. Haller and S. Krauss. "Misinterpretations of significance: A problem students share with their teachers?" *Methods of Psychological Research* 7, no. 1 (2002).

[2] R. Bramwell, H. West, and P. Salmon. "Health professionals' and service users' interpretation of screening test results: experimental study." *BMJ* 333 (2006): 284-286. DOI: *10.1136/bmj.38884.663102.AE*

[3] D. Hemenway. "Survey Research and Self-Defense Gun Use: An Explanation of Extreme Overestimates." *The Journal of Criminal Law and Criminology* 87, no. 4 (1997): 1430-1445. URL: *http://www.jstor.org/stable/1144020*

[4] D. McDowall and B. Wiersema. "The incidence of defensive firearm use by US crime victims, 1987 through 1990." *American Journal of Public Health* 84, no. 12 (1994): 1982-1984. DOI: *10.2105/AJPH.84.12.1982*

[5] G. Kleck and M. Gertz. "Illegitimacy of One-Sided Speculation: Getting the Defensive Gun Use Estimate Down." *Journal of Criminal Law & Criminology* 87, no. 4 (1996): 1446-1461.

[6] E. Gross and O. Vitells. "Trial factors for the look elsewhere effect in high energy physics." *The European Physical Journal C* 70, no. 1-2 (2010): 525-530. DOI: *10.1140/epjc/s10052-010-1470-8*

[7] E.J. Wagenmakers. "A practical solution to the pervasive problems of p values." *Psychonomic Bulletin & Review* 14, no. 5 (2007): 779-804. DOI: *10.3758/BF03194105*

[8] D.G. Smith, J. Clemens, W. Crede, M. Harvey, and E.J. Gracely. "Impact of multiple comparisons in randomized clinical trials." *The American Journal of Medicine* 83, no. 3 (1987): 545-550. DOI: *10.1016/0002-9343(87)90768-6*

[9] J. Carp. "The secret lives of experiments: methods reporting in the fMRI literature." *Neuroimage* 63, no. 1 (2012): 289-300. DOI: *10.1016/j.neuroimage.2012.07.004*

[10] Y. Benjamini and Y. Hochberg. "Controlling the false discovery rate: a practical and powerful approach to multiple testing." *Journal of the Royal Statistical Society Series B* 57, no. 1 (1995): 289-300. URL: *http://www.jstor.org/stable/2346101*

[11] C. Bennett, A. Baird, M. Miller, and G. Wolford. "Neural Correlates of Interspecies Perspective Taking in the Post-Mortem Atlantic Salmon: An Argument For Proper Multiple Comparisons Correction." *Journal of Serendipitous and Unexpected Results* 1,

no. 1 (2010): 1-5.
[12] D. Huff. "re: Revised Chapters VI and VII of Darrell Huff's Work." March 1967. URL: *https://www.industrydocumentslibrary.ucsf.edu/tobacco/docs/qhmy0042*

第 5 章

[1] A. Gelman and H. Stern. "The Difference Between 'Significant' and 'Not Significant' is not Itself Statistically Significant." *The American Statistician* 60, no. 4 (2006): 328-331. DOI: *10.1198/000313006X152649*

[2] M. Bland. "Keep young and beautiful: evidence for an 'anti-aging' product?" *Significance* 6, no. 4 (2009): 182-183. DOI: *10.1111/j.1740-9713.2009.00395.x*

[3] S. Nieuwenhuis, B.U. Forstmann, and E.J. Wagenmakers. "Erroneous analyses of interactions in neuroscience: a problem of significance." *Nature Neuroscience* 14, no. 9 (2011): 1105-1109. DOI: *10.1038/nn.2886*

[4] A.F. Bogaert. "Biological versus nonbiological older brothers and men's sexual orientation." *Proceedings of the National Academy of Sciences* 103, no. 28 (2006): 10771-10774. DOI: *10.1073/pnas.0511152103*

[5] J. McCormack, B. Vandermeer, and G.M. Allan. "How confidence intervals become confusion intervals." *BMC Medical Research Methodology* 13 (2013). DOI: *10.1186/1471-2288-13-134*

[6] N. Schenker and J.F. Gentleman. "On judging the significance of differences by examining the overlap between confidence intervals." *The American Statistician* 55, no. 3 (2001): 182-186. DOI: *10.1198/000313001317097960*

[7] S. Belia, F. Fidler, J. Williams, and G. Cumming. "Researchers misunderstand confidence intervals and standard error bars." *Psychological Methods* 10, no. 4 (2005): 389-396. DOI: *10.1037/1082-989X.10.4.389*

[8] J.R. Lanzante. "A cautionary note on the use of error bars." *Journal of Climate* 18, no. 17 (2005): 3699-3703. DOI: *10.1175/JCLI3499.1*

[9] K.R. Gabriel. "A simple method of multiple comparisons of means." *Journal of the American Statistical Association* 73, no. 364 (1978): 724-729. DOI: *10.1080/01621459.1978.10480084*

[10] M.R. Stoline. "The status of multiple comparisons: simultaneous estimation of all pairwise comparisons in one-way ANOVA designs." *The American Statistician* 35, no. 3 (1981): 134-141. DOI: *10.1080/00031305.1981.10479331*

第 6 章

[1] P.N. Steinmetz and C. Thorp. "Testing for effects of different stimuli on neuronal firing relative to background activity." *Journal of Neural Engineering* 10, no. 5 (2013): 056019. DOI: *10.1088/1741-2560/10/5/056019*

[2] N. Kriegeskorte, W.K. Simmons, P.S.F. Bellgowan, and C.I. Baker. "Circular analysis in systems neuroscience: the dangers of double dipping." *Nature Neuroscience* 12, no. 5 (2009): 535-540. DOI: *10.1038/nn.2303*

[3] E. Vul, C. Harris, P. Winkielman, and H. Pashler. "Puzzlingly high correlations in fMRI studies of emotion, personality, and social cognition." *Perspectives on Psychological Science* 4, no. 3 (2009): 274-290. DOI: *10.1111/j.1745-6924.2009.01125.x*

[4] E. Vul and H. Pashler. "Voodoo and circularity errors." *Neuroimage* 62, no. 2 (2012): 945-948. DOI: *10.1016/j.neuroimage.2012.01.027*

[5] S.M. Stigler. *Statistics on the Table*. Harvard University Press, 1999. ISBN: 978-0674009790

[6] J.P. Simmons, L.D. Nelson, and U. Simonsohn. "False-Positive Psychology: Undisclosed Flexibility in Data Collection and Analysis Allows Presenting Anything as Significant." *Psychological Science* 22, no. 11 (2011): 1359-1366. DOI: *10.1177/0956797611417632*

[7] D. Bassler, M. Briel, V.M. Montori, M. Lane, P. Glasziou, Q. Zhou, D. Heels-Ansdell, S.D. Walter, and G.H. Guyatt. "Stopping Randomized Trials Early for Benefit and Estimation of Treatment Effects: Systematic Review and Meta-regression Analysis." *JAMA* 303, no. 12 (2010): 1180-1187 DOI: *10.1001/jama.2010.310*

[8] V.M. Montori, P.J. Devereaux, and N. Adhikari. "Randomized trials stopped early for benefit: a systematic review." *JAMA* 294, no. 17 (2005): 2203-2209. DOI: *10.1001/jama.294.17.2203*

[9] S. Todd, A. Whitehead, N. Stallard, and J. Whitehead. "Interim analyses and sequential designs in phase III studies." *British Journal of Clinical Pharmacology* 51, no. 5 (2001): 394-399. DOI: *10.1046/j.1365-2125.2001.01382.x*

[10] L.K. John, G. Loewenstein, and D. Prelec. "Measuring the prevalence of questionable research practices with incentives for truth telling." *Psychological Science* 23, no. 5 (2012): 524-532. DOI: *10.1177/0956797611430953*

第 7 章

[1] D.G. Altman, B. Lausen, W. Sauerbrei, and M. Schumacher. "Dangers of Using 'Optimal' Cutpoints in the Evaluation of Prognostic Factors." *Journal of the National Cancer Institute* 86, no. 11 (1994): 829-835. DOI: *10.1093/jnci/86.11.829*

[2] L. McShane, D.G. Altman, W. Sauerbrei, S.E. Taube, M. Gion, and G.M. Clark. "Reporting Recommendations for Tumor Marker Prognostic Studies (REMARK)." *Journal of the National Cancer Institute* 97, no. 16 (2005): 1180-1184. DOI: *10.1093/jnci/dji237*

[3] V. Fedorov, F. Mannino, and R. Zhang. "Consequences of dichotomization." *Pharmaceutical Statistics* 8, no. 1 (2009): 50-61. DOI: *10.1002/pst.331*

[4] S.E. Maxwell and H.D. Delaney. "Bivariate Median Splits and Spurious Statistical Significance." *Psychological Bulletin* 113, no. 1 (1993): 181-190. DOI: *10.1037/0033-*

2909.113.1.181

第 8 章

[1] R. Abbaszadeh, A. Rajabipour, M. Mahjoob, M. Delshad, and H. Ahmadi. "Evaluation of watermelons texture using their vibration responses." *Biosystems Engineering* 115, no. 1 (2013): 102-105. DOI: *10.1016/j.biosystemseng.2013.01.001*

[2] M.J. Whittingham, P.A. Stephens, R.B. Bradbury, and R.P. Freckleton. "Why do we still use stepwise modelling in ecology and behaviour?" *Journal of Animal Ecology* 75, no. 5 (2006): 1182-1189. DOI: *10.1111/j.1365-2656.2006.01141.x*

[3] D.A. Freedman. "A note on screening regression equations." *The American Statistician* 37, no. 2 (1983): 152-155. DOI: *10.1080/00031305.1983.10482729*

[4] L.S. Freedman and D. Pee. "Return to a note on screening regression equations." *The American Statistician* 43, no. 4 (1989): 279-282. DOI: *10.1080/00031305.1989.10475675*

[5] R. Investigators and Prevenzione. "Efficacy of n-3 polyunsaturated fatty acids and feasibility of optimizing preventive strategies in patients at high cardiovascular risk: rationale, design and baseline characteristics of the Rischio and Prevenzione study, a large randomised trial in general practice." *Trials* 11, no. 1 (2010): 68. DOI: *10.1186/1745-6215-11-68*

[6] The Risk and Prevention Study Collaborative Group. "n-3 Fatty Acids in Patients with Multiple Cardiovascular Risk Factors." *New England Journal of Medicine* 368, no. 19 (2013): 1800-1808. DOI: *1056/NEJMoa1205409*

[7] C. Tuna. "When Combined Data Reveal the Flaw of Averages." *The Wall Street Journal* (2009). URL: *http://online.wsj.com/news/articles/SB125970744553071829*

[8] P.J. Bickel, E.A. Hammel, and J.W. O'Connell. "Sex bias in graduate admissions: Data from Berkeley." *Science* 187, no. 4175 (1975): 398-404. DOI: *10.1126/science.187.4175.398*

[9] S.A. Julious and M.A. Mullee. "Confounding and Simpson's paradox." *BMJ* 309, no. 6967 (1994): 1480-1481. DOI: *10.1136/bmj.309.6967.1480*

[10] R. Perera. "Commentary: Statistics and death from meningococcal disease in children." *BMJ* 332, no. 7553 (2006): 1297-1298. DOI: *10.1136/bmj.332.7553.1297*

[11] J. Pearl. "Comment: Understanding Simpson's Paradox." *The American Statistician* 68, no.1 (2014): 8-13. DOI: *10.1080/00031305.2014.876829*

第 9 章

[1] J.P.A. Ioannidis. "Why Most Discovered True Associations Are Inflated." *Epidemiology* 19, no. 5 (2008): 640-648. DOI: *10.1097/EDE.0b013e31818131e7*

[2] M.J. Shun-Shin and D.P. Francis. "Why Even More Clinical Research Studies May Be

False: Effect of Asymmetrical Handling of Clinically Unexpected Values." *PLOS ONE* 8, no. 6 (2013): e65323. DOI: *10.1371/journal.pone.0065323*

[3] J.P. Simmons, L.D. Nelson, and U. Simonsohn. "False-Positive Psychology: Undisclosed Flexibility in Data Collection and Analysis Allows Presenting Anything as Significant." *Psychological Science* 22, no. 11 (2011): 1359-1366. DOI: *10.1177/0956797611417632*

[4] A.T. Beall and J.L. Tracy. "Women Are More Likely to Wear Red or Pink at Peak Fertility." *Psychological Science* 24, no. 9 (2013): 1837-1841. DOI: *10.1177/0956797613476045*

[5] A. Gelman. "Too Good to Be True." *Slate* (2013). URL: *http://www.slate.com/articles/health_and_science/science/2013/07/statistics_and_psychology_multiple_comparisons_give_spurious_results.html*

[6] K.M. Durante, A. Rae, and V. Griskevicius. "The Fluctuating Female Vote: Politics, Religion, and the Ovulatory Cycle." *Psychological Science* 24, no. 6 (2013): 1007-1016. DOI: *10.1177/0956797612466416*

[7] C.R. Harris and L. Mickes. "Women Can Keep the Vote: No Evidence That Hormonal Changes During the Menstrual Cycle Impact Political and Religious Beliefs." *Psychological Science* 25, no. 5 (2014): 1147-1149. DOI: *10.1177/0956797613520236*

[8] M. Jeng. "A selected history of expectation bias in physics." *American Journal of Physics* 74 (2006): 578. DOI: *10.1119/1.2186333*

[9] J.R. Klein and A. Roodman. "Blind analysis in nuclear and particle physics." *Annual Review of Nuclear and Particle Science* 55 (2005): 141-163. DOI: *10.1146/annurev.nucl.55.090704.151521*

[10] A.W. Chan, A. Hróbjartsson, K.J. Jørgensen, P.C. Gøtzsche, and D.G. Altman. "Discrepancies in sample size calculations and data analyses reported in randomised trials: comparison of publications with protocols." *BMJ* 337 (2008): a2299. DOI: *10.1136/bmj.a2299*

[11] A.W. Chan, A. Hróbjartsson, M.T. Haahr, P.C. Gøtzsche, and D.G. Altman. "Empirical Evidence for Selective Reporting of Outcomes in Randomized Trials: Comparison of Protocols to Published Articles." *JAMA* 291, no. 20 (2004): 2457-2465. DOI: *10.1001/jama.291.20.2457*

[12] D. Fanelli and J.P.A. Ioannidis. "US studies may overestimate effect sizes in softer research." *Proceedings of the National Academy of Sciences* 110, no. 37 (2013): 15031-15036. DOI: *10.1073/pnas.1302997110*

第10章

[1] P.C. Gøtzsche. "Believability of relative risks and odds ratios in abstracts: cross sectional study." *BMJ* 333, no. 7561 (2006): 231-234. DOI: *10.1136/bmj.38895.410451.79*

[2] M. Bakker and J.M. Wicherts. "The (mis)reporting of statistical results in psychology

journals." *Behavior Research Methods* 43, no. 3 (2011): 666-678. DOI: *10.3758/s13428-011-0089-5*

[3] E. Garcia-Berthou and C. Alcaraz. "Incongruence between test statistics and P values in medical papers." *BMC Medical Research Methodology* 4, no. 1 (2004): 13. DOI: *10.1186/1471-2288-4-13*

[4] P.C. Gøtzsche. "Methodology and overt and hidden bias in reports of 196 double-blind trials of nonsteroidal antiinflammatory drugs in rheumatoid arthritis." *Controlled Clinical Trials* 10 (1989): 31-56. DOI: *10.1016/0197-2456(89)90017-2*

[5] K.A. Baggerly and K.R. Coombes. "Deriving chemosensitivity from cell lines: Forensic bioinformatics and reproducible research in high-throughput biology." *The Annals of Applied Statistics* 3, no. 4 (2009): 1309-1334. DOI: *10.1214/09-AOAS291*

[6] The Economist. "Misconduct in science: An array of errors." September 2011. URL: *http://www.economist.com/node/21528593*

[7] G. Kolata. "How Bright Promise in Cancer Testing Fell Apart." *New York Times* (2011). URL: *http://www.nytimes.com/2011/07/08/health/research/08genes.html*

[8] V. Stodden, P. Guo, and Z. Ma. "Toward Reproducible Computational Research: An Empirical Analysis of Data and Code Policy Adoption by Journals." *PLOS ONE* 8, no. 6 (2013): e67111. DOI: *10.1371/journal.pone.0067111*

[9] G.K. Sandve, A. Nekrutenko, J. Taylor, and E. Hovig. "Ten Simple Rules for Reproducible Computational Research." *PLOS Computational Biology* 9, no. 10 (2013): e1003285. DOI: *10.1371/journal.pcbi.1003285*

[10] C.G. Begley and L.M. Ellis. "Drug development: Raise standards for preclinical cancer research." *Nature* 483, no. 7 (2012): 531-533. DOI: *10.1038/483531a*

[11] F. Prinz, T. Schlange, and K. Asadullah. "Believe it or not: how much can we rely on published data on potential drug targets?" *Nature Reviews Drug Discovery* 10 (2011): 328-329. DOI: *10.1038/nrd3439-c1*

[12] J.P.A. Ioannidis. "Contradicted and initially stronger effects in highly cited clinical research." *JAMA* 294, no. 2 (2005): 218-228. DOI: *10.1001/jama.294.2.218*

第 11 章

[1] S. Schroter, N. Black, S. Evans, F. Godlee, L. Osorio, and R. Smith. "What errors do peer reviewers detect, and does training improve their ability to detect them?" *Journal of the Royal Society of Medicine* 101, no. 10 (2008): 507-514. DOI: *10.1258/jrsm.2008.080062*

[2] A.A. Alsheikh-Ali, W. Qureshi, M.H. Al-Mallah, and J.P.A. Ioannidis. "Public Availability of Published Research Data in High-Impact Journals." *PLOS ONE* 6, no. 9 (2011): e24357. DOI: *10.1371/journal.pone.0024357*

[3] J.M. Wicherts, D. Borsboom, J. Kats, and D. Molenaar. "The poor availability of psychological research data for reanalysis." *American Psychologist* 61, no. 7 (2006):

726-728. DOI: *10.1037/0003-066X.61.7.726*
[4] J.M. Wicherts, M. Bakker, and D. Molenaar. "Willingness to Share Research Data Is Related to the Strength of the Evidence and the Quality of Reporting of Statistical Results." *PLOS ONE* 6, no. 11 (2011): e26828. DOI: *10.1371/journal.pone.0026828*
[5] B. Goldacre. *Bad Pharma: How Drug Companies Mislead Doctors and Harm Patients.* Faber & Faber, 2013. ISBN: 978-0865478008
[6] T.H. Vines, A.Y.K. Albert, R.L. Andrew, F. Débarre, D.G. Bock, M.T. Franklin, K.J. Gilbert, J.S. Moore, S. Renaut, and D.J. Rennison. "The availability of research data declines rapidly with article age." *Current Biology* 24, no. 1 (2014): 94-97. DOI: *10.1016/j.cub.2013.11.014*
[7] T.H. Vines, A.Y.K. Albert, R.L. Andrew, F. Débarre, D.G. Bock, M.T. Franklin, K.J. Gilbert, J.S. Moore, S. Renaut, and D.J. Rennison. "Data from: The availability of research data declines rapidly with article age." *Dryad Digital Repository* (2013). DOI: *10.5061/dryad.q3g37*
[8] A.W. Chan, A. Hróbjartsson, M.T. Haahr, P.C. Gøtzsche, and D.G. Altman. "Empirical Evidence for Selective Reporting of Outcomes in Randomized Trials: Comparison of Protocols to Published Articles." *JAMA* 291, no. 20 (2004): 2457-2465. DOI: *10.1001/jama.291.20.2457*
[9] J.J. Kirkham, K.M. Dwan, D.G. Altman, C. Gamble, S. Dodd, R. Smyth, and P.R. Williamson. "The impact of outcome reporting bias in randomised controlled trials on a cohort of systematic reviews." *BMJ* 340 (2010): c365. DOI: *10.1136/bmj.c365*
[10] W. Bouwmeester, N.P.A. Zuithoff, S. Mallett, M.I. Geerlings, Y. Vergouwe, E.W. Steyerberg, D.G. Altman, and K.G.M. Moons. "Reporting and Methods in Clinical Prediction Research: A Systematic Review." *PLOS Medicine* 9, no. 5 (2012): e1001221. DOI: *10.1371/journal.pmed.1001221*
[11] K. Huwiler-Müntener, P. Jüni, C. Junker, and M. Egger. "Quality of Reporting of Randomized Trials as a Measure of Methodologic Quality." *JAMA* 287, no. 21 (2002): 2801-2804. DOI: *10.1001/jama.287.21.2801*
[12] A.C. Plint, D. Moher, A. Morrison, K. Schulz, D.G. Altman, C. Hill, and I. Gaboury. "Does the CONSORT checklist improve the quality of reports of randomised controlled trials? A systematic review." *Medical Journal of Australia* 185, no. 5 (2006): 263-267.
[13] E. Mills, P. Wu, J. Gagnier, D. Heels-Ansdell, and V.M. Montori. "An analysis of general medical and specialist journals that endorse CONSORT found that reporting was not enforced consistently." *Journal of Clinical Epidemiology* 58, no. 7 (2005): 662-667. DOI: *10.1016/j.jclinepi.2005.01.004*
[14] L.K. John, G. Loewenstein, and D. Prelec. "Measuring the prevalence of questionable research practices with incentives for truth telling." *Psychological Science* 23, no. 5 (2012): 524-532. DOI: *10.1177/0956797611430953*
[15] N.A. Vasilevsky, M.H. Brush, H. Paddock, L. Ponting, S.J. Tripathy, G.M. LaRocca, and

M.A. Haendel. "On the reproducibility of science: unique identification of research resources in the biomedical literature." *PeerJ* 1 (2013): e148. DOI: *10.7717/peerj.148*

[16] G.B. Emerson, W.J. Warme, F.M. Wolf, J.D. Heckman, R.A. Brand, and S.S. Leopold. "Testing for the presence of positive-outcome bias in peer review: a randomized controlled trial." *Archives of Internal Medicine* 170, no. 21 (2010): 1934-1939. DOI: *10.1001/archinternmed.2010.406*

[17] P.A. Kyzas, K.T. Loizou, and J.P.A. Ioannidis. "Selective Reporting Biases in Cancer Prognostic Factor Studies." *Journal of the National Cancer Institute* 97, no. 14 (2005): 1043-1055. DOI: *10.1093/jnci/dji184*

[18] D. Eyding, M. Lelgemann, U. Grouven, M. Härter, M. Kromp, T. Kaiser, M.F. Kerekes, M. Gerken, and B. Wieseler. "Reboxetine for acute treatment of major depression: systematic review and meta-analysis of published and unpublished placebo and selective serotonin reuptake inhibitor controlled trials." *BMJ* 341 (2010): c4737. DOI: *10.1136/bmj.c4737*

[19] E.H. Turner, A.M. Matthews, E. Linardatos, R.A. Tell, and R. Rosenthal. "Selective publication of antidepressant trials and its influence on apparent efficacy." *New England Journal of Medicine* 358, no. 3 (2008): 252-260. DOI: *10.1056/NEJMsa065779*

[20] J.P.A. Ioannidis and T.A. Trikalinos. "An exploratory test for an excess of significant findings." *Clinical Trials* 4, no. 3 (2007): 245-253. DOI: *10.1177/1740774507079441*

[21] K.K. Tsilidis, O.A. Panagiotou, E.S. Sena, E. Aretouli, E. Evangelou, D.W. Howells, R.A.S. Salman, M.R. Macleod, and J.P.A. Ioannidis. "Evaluation of Excess Significance Bias in Animal Studies of Neurological Diseases." *PLOS Biology* 11, no. 7 (2013): e1001609. DOI: *10.1371/journal.pbio.1001609*

[22] G. Francis. "Too good to be true: Publication bias in two prominent studies from experimental psychology." *Psychonomic Bulletin & Review* 19, no. 2 (2012): 151-156. DOI: *10.3758/s13423-012-0227-9*

[23] U. Simonsohn. "It Does Not Follow: Evaluating the One-Off Publication Bias Critiques by Francis." *Perspectives on Psychological Science* 7, no. 6 (2012): 597-599. DOI: *10.1177/1745691612463399*

[24] R.F. Viergever and D. Ghersi. "The Quality of Registration of Clinical Trials." *PLOS ONE* 6, no. 2 (2011): e14701. DOI: *10.1371/journal.pone.0014701*

[25] A.P. Prayle, M.N. Hurley, and A.R. Smyth. "Compliance with mandatory reporting of clinical trial results on ClinicalTrials.gov: cross sectional study." *BMJ* 344 (2012): d7373. DOI: *10.1136/bmj.d7373*

[26] V. Huser and J.J. Cimino. "Linking ClinicalTrials.gov and PubMed to Track Results of Interventional Human Clinical Trials." *PLOS ONE* 8, no. 7 (2013): e68409. DOI: *10.1371/journal.pone.0068409*

[27] C.W. Jones, L. Handler, K.E. Crowell, L.G. Keil, M.A. Weaver, and T.F. Platts-Mills. "Non-publication of large randomized clinical trials: cross sectional analysis." *BMJ* 347

(2013): f6104. DOI: *10.1136/bmj.f6104*

[28] S. Mathieu, A.W. Chan, and P. Ravaud. "Use of trial register information during the peer review process." *PLOS ONE* 8, no. 4 (2013): e59910. DOI: *10.1371/journal. pone.0059910*

[29] E.J. Wagenmakers, R. Wetzels, D. Borsboom, H.L.J. van der Maas, and R.A. Kievit. "An Agenda for Purely Confirmatory Research." *Perspectives on Psychological Science* 7, no. 6 (2012): 632-638. DOI: *10.1177/1745691612463078*

第 12 章

[1] J.P.A. Ioannidis. "Why Most Published Research Findings Are False." *PLOS Medicine* 2, no. 8 (2005): e124. DOI: *10.1371/journal.pmed.0020124*

[2] J.D. Schoenfeld and J.P.A. Ioannidis. "Is everything we eat associated with cancer? A systematic cookbook review." *American Journal of Clinical Nutrition* 97, no. 1 (2013): 127-134. DOI: *10.3945/ajcn.112.047142*

[3] V. Prasad, A. Vandross, C. Toomey, M. Cheung, J. Rho, S. Quinn, S.J. Chacko, D. Borkar, V. Gall, S. Selvaraj, N. Ho, and A. Cifu. "A Decade of Reversal: An Analysis of 146 Contradicted Medical Practices." *Mayo Clinic Proceedings* 88, no. 8 (2013): 790-798. DOI: *10.1016/j.mayocp.2013.05.012*

[4] J. LeLorier, G. Gregoire, and A. Benhaddad. "Discrepancies between meta-analyses and subsequent large randomized, controlled trials." *New England Journal of Medicine* 337 (1997): 536-542. DOI: *10.1056/NEJM199708213370806*

[5] T.V. Pereira and J.P.A. Ioannidis. "Statistically significant meta-analyses of clinical trials have modest credibility and inflated effects." *Journal of Clinical Epidemiology* 64, no. 10 (2011): 1060-1069. DOI: *10.1016/j.jclinepi.2010.12.012*

[6] A. Tatsioni, N.G. Bonitsis, and J.P.A. Ioannidis. "Persistence of Contradicted Claims in the Literature." *JAMA* 298, no. 21 (2007): 2517-2526. DOI: *10.1001/jama.298.21.2517*

[7] F. Gonon, J.P. Konsman, D. Cohen, and T. Boraud. "Why Most Biomedical Findings Echoed by Newspapers Turn Out to be False: The Case of Attention Deficit Hyperactivity Disorder." *PLOS ONE* 7, no. 9 (2012): e44275. DOI: *10.1371/journal. pone.0044275*

[8] M. Marshall, A. Lockwood, C. Bradley, C. Adams, C. Joy, and M. Fenton. "Unpublished rating scales: a major source of bias in randomised controlled trials of treatments for schizophrenia." *The British Journal of Psychiatry* 176, no. 3 (2000): 249-252. DOI: *10.1192/bjp.176.3.249*

[9] J.J. Kirkham, K.M. Dwan, D.G. Altman, C. Gamble, S. Dodd, R. Smyth, and P.R. Williamson. "The impact of outcome reporting bias in randomised controlled trials on a cohort of systematic reviews." *BMJ* 340 (2010): c365. DOI: *10.1136/bmj.c365*

[10] J.R. Lanzante. "A cautionary note on the use of error bars." *Journal of Climate* 18, no. 17 (2005): 3699-3703. DOI: *10.1175/JCLI3499.1*

[11] E. Wagenmakers, R. Wetzels, D. Borsboom, and H.L. van der Maas. "Why psychologists must change the way they analyze their data: The case of psi." *Journal of Personality and Social Psychology* 100, no. 3 (2011): 426-432. DOI: *10.1037/a0022790*

[12] J. Galak, R.A. LeBoeuf, L.D. Nelson, and J.P. Simmons. "Correcting the past: Failures to replicate psi." *Journal of Personality and Social Psychology* 103, no. 6 (2012): 933-948. DOI: *10.1037/a0029709*

[13] R. Hake. "Interactive-engagement versus traditional methods: A six-thousand-student survey of mechanics test data for introductory physics courses." *American Journal of Physics* 66, no. 1 (1998): 64-74. DOI: *10.1119/1.18809*

[14] L.C. McDermott. "Research on conceptual understanding in mechanics." *Physics Today* 37, no. 7 (1984): 24. DOI: *10.1063/1.2916318*

[15] J. Clement. "Students' preconceptions in introductory mechanics." *American Journal of Physics* 50, no. 1 (1982): 66-71. DOI: *10.1119/1.12989*

[16] D.A. Muller. *Designing Effective Multimedia for Physics Education*. PhD thesis. University of Sydney, April 2008. URL: *http://www.physics.usyd.edu.au/super/theses/PhD(Muller).pdf*

[17] C.H. Crouch, A.P. Fagen, J.P. Callan, and E. Mazur. "Classroom demonstrations: Learning tools or entertainment?" *American Journal of Physics* 72, no. 6 (2004): 835-838. DOI: *10.1119/1.1707018*

[18] H. Haller and S. Krauss. "Misinterpretations of significance: A problem students share with their teachers?" *Methods of Psychological Research* 7, no. 1 (2002).

[19] C.H. Crouch and E. Mazur. "Peer Instruction: Ten years of experience and results." *American Journal of Physics* 69, no. 9 (2001): 970-977. DOI: *10.1119/1.1374249*

[20] N. Lasry, E. Mazur, and J. Watkins. "Peer instruction: From Harvard to the two-year college." *American Journal of Physics* 76, no. 11 (2008): 1066-1069. DOI: *10.1119/1.2978182*

[21] A.M. Metz. "Teaching Statistics in Biology: Using Inquiry-based Learning to Strengthen Understanding of Statistical Analysis in Biology Laboratory Courses." *CBE Life Sciences Education* 7 (2008): 317-326. DOI: *10.1187/cbe.07-07-0046*

[22] R. Delmas, J. Garfield, A. Ooms, and B. Chance. "Assessing students' conceptual understanding after a first course in statistics." *Statistics Education Research Journal* 6, no. 2 (2007): 28-58.

[23] Nature Editors. "Reporting checklist for life sciences articles." May 2013. URL: *http://www.nature.com/authors/policies/checklist.pdf*

[24] E. Eich. "Business Not as Usual." *Psychological Science* 25, no. 1 (2014): 3-6. DOI: *10.1177/0956797613512465*

[25] R. Schekman. "How journals like Nature, Cell and Science are damaging science." *The Guardian* (2013). URL: *http://www.theguardian.com/commentisfree/2013/dec/09/how-journals-nature-science-cell-damage-science*

[26] R.D. deShazo, S. Bigler, and L.B. Skipworth. "The Autopsy of Chicken Nuggets Reads 'Chicken Little'." *American Journal of Medicine* 126, no. 11 (2013): 1018-1019. DOI: *10.1016/j.amjmed.2013.05.005*

索 引

■アルファベット
α → 偽陽性率
AIC → 赤池情報量規準
AIPE → パラメータ推定での確信度
ALM → 論文単位の評価指標
ANOVA → 分散分析
APA → アメリカ心理学会
ARRIVE　148
BIC → ベイズ情報量規準
『BMC バイオロジー』(*BMC Biology*)　157
BMI　91, 92, 94, 95, 99, 111, 112
ClinicalTrials.gov　146, 147
CONSORT チェックリスト　141, 155, 162
CRAPL → コミュニティ研究学術プログラミングライセンス
DOI → デジタルオブジェクト識別子
Dryad → ドライアド
EQUATOR ネットワーク　148
Excel　111, 124, 135, 148, 161
FDA → 食品医薬品局
Figshare → フィグシェア
fMRI　64-66, 82
GenBank → ジェンバンク
IPython Notebook　125
IQWiG → 医療品質・効率性研究機構
Julia　125

Jupyter Notebook → IPython Notebook
LASSO　105, 110
LaTeX　124, 125
LOOCV → 1点抜き交差検証
M型の過誤 → 事実の誇張
PCA → 主成分分析
PDB → タンパク質構造データバンク
Python　125
p 値　1-4, 6, 8-12, 14-16, 21, 43, 49-52, 56, 67, 70, 72, 76, 81, 87, 88, 93, 121, 145, 153, 156, 162
R　111, 124, 125, 160
RCT → ランダム化比較試験
reddit　37
R Markdown　125
R Notebooks　125
Scala　125
SPIRIT チェックリスト　148
SPSS　111, 135
STREGA　148
STROBE　148
Sweave　124, 125, 130
S 期比率　93, 94
TP53　143
t 検定　1, 76, 92, 155

■あ 行
赤池情報量規準　103

赤信号での右折　　4, 27, 28, 91
『悪の製薬』(Bad Pharma)　　5
新しい統計学　　6, 156
アムジェン (Amgen)　　128, 129, 142
アメリカ心理学会 (American Psychological Association)　　132
『アメリカン・サイコロジスト』(American Psychologist)　　132
『アメリカン・ジャーナル・オブ・パブリック・ヘルス』(American Journal of Public Health)　　16
安楽椅子に座った統計学者　　viii, ix
『イーライフ』(eLife)　　158
医学誌編集者国際委員会　　146
イグノーベル賞　　66
一般化　　41, 48
医療品質・効率性研究機構 (Institut für Qualität und Wirtschaftlichkeit im Gesundheitswesen)　　143
インパクトファクター　　32, 158
陰謀論　　vii, ix
引用影響度 → インパクトファクター
ヴィヒェルツ，イェルテ (Jelte Wicherts)　　132
「ウソ，くそったれなウソ，そして統計」　　5
エクセル → Excel
『エピデミオロジー』(Epidemiology)　　17
エラーバー　　69, 74-76, 144
欧州医薬品庁　　133, 134
欧州連合臨床試験登録　　147
大型ハドロン衝突型加速器　　51, 61
オープンアクセス　　157-159
『オープンイントロ・スタティスティクス』(OpenIntro Statistics)　　155
オタクのねらいうち　　160
オッズ　　56, 92
　　対数＿＿＿　　92

オメガ3脂肪酸　　106
重み付け平均　　36, 37

■か 行
回帰　　33, 91, 92, 95, 97, 99-106, 160
　段階的＿＿＿　　102-104, 110
　平均への＿＿＿　　83-85
下院の選挙区　　36
階層モデル　　43, 48
ガイドライン　　94, 141, 142, 148, 155, 156, 162
学術誌　　2, 5, 15-17, 24, 32, 118, 121, 123, 125, 130-134, 137, 138, 141, 142, 145-148, 150, 155-159, 162
確信度　　30, 38
確認的　　79, 118, 119
過剰適合　　100-104
仮説検定　　8-10, 12, 14-16, 21, 27, 30, 40, 47, 48, 52, 60, 64, 66, 67, 69, 76, 77, 79, 82, 87, 89, 93, 102, 114, 121, 132, 153, 160, 161
カナザワ，サトシ (Satoshi Kanazawa)　　32, 33
ガブリエル比較区間 (Gabriel comparison interval)　　77
カミング，ジェフ (Geoff Cumming)　　6
カリフォルニア大学バークレー校 (University of California, Berkeley)　　107, 108
寛解　　112
観察研究　　106, 109, 148
感性　　122
偽陰性　　12, 58, 96
　＿＿＿率　　13
擬似反復　　39-48, 161
基準率の誤り　　49-68
　＿＿＿とガン治療薬　　49, 50
　＿＿＿と喫煙　　54-56
　＿＿＿と銃使用　　57-60

索 引　　　181

　　　とマンモグラフィー　52-54
喫煙　54-56, 111
『喫煙と健康』（*Smoking and Health*）
　　54
機能的磁気共鳴画像化 → fMRI
偽発見率　50, 66-68
帰無仮説　13, 52, 64, 81
偽薬　7, 31, 39, 49, 64, 69, 70, 74, 86, 91,
　　106, 117, 143
偽陽性　2, 12, 13, 50, 53, 54, 58, 60, 61,
　　63-68, 79, 83, 86, 88, 93, 95, 97, 102,
　　118, 119, 128, 149, 151
　　　率　13, 14, 61, 66, 68, 81, 82, 88,
　　89, 93, 102, 114-116, 142
偶然変動　7, 22, 23, 82, 101
クームス，ケビン（Kevin Coombes）
　　122, 123
クラスター標準誤差　43, 48
繰り返し　52, 119, 121, 128
グレアム，ポール（Paul Graham）　viii,
　　ix
郡　35, 36
燻製ニシン　64
「計算機を使用した再現可能な研究のため
　　の10個の簡単な規則」(Ten Simple
　　Rules for Reproducible Computational
　　Research)　125, 130
系統的誤差　44
系統的再調査　134, 139, 140, 145
系統的な偏り　39, 108
結果報告の偏り　139-142, 145, 157
月経　46-48
欠測　112, 138, 140
ゲルマン，アンドリュー（Andrew
　　Gelman）　116
限界効果　91
検定 → 仮説検定
検定力　2, 19, 21-28, 30, 33, 37, 38, 40,
　　49, 53, 64, 66, 68, 70, 71, 77, 80, 82, 83,
　　94, 97, 103, 110, 119, 140-142, 145, 146,
　　149, 151, 152, 155, 158, 160, 161
　　　が足りない　23
　　　曲線　21
抗うつ剤　143, 144
効果量　15, 27, 31-33, 38, 64, 70, 73, 93,
　　94, 113, 140, 142, 144, 145, 151, 156,
　　161
公刊の偏り　5, 144-146, 150, 157
講義　152-154
交差検定 → 交差検証
交差検証　103, 104, 110
　　1点抜き　　　104
較正　40, 44, 135
後退消去　103
交絡　39, 40, 45, 48, 95, 96, 99, 100, 105,
　　106, 109, 110, 133
コーエン，ジェイコブ（Jacob Cohen）
　　26, 37, 38
コード共有　125, 126, 155, 156
国際臨床試験登録プラットフォーム
　　147
コクラン共同計画（Cochrane
　　Collaboration）　133, 139, 140
『誤差分析入門』（*An Introduction to
　　Error Analysis*）　76
コミュニティ研究学術プログラミングライ
　　センス　127
ゴルトン，フランシス（Francis Galton）
　　84, 85
コレステロール　72, 73, 105

■さ 行
『サイエンス』（*Science*）　24, 32, 138,
　　157, 158
細菌性髄膜炎　109, 110
再現　20, 21, 71, 80, 81, 116, 121-130,
　　142, 151, 157
再現可能性　121-130, 155, 156

再現性プロジェクト　128
『サイコロジカル・サイエンス』
　　（*Psychological Science*）　156
最小絶対縮小選択演算子　→　LASSO
雑音　10, 23, 82, 83
査読　2, 5, 16, 131, 139, 142, 145, 147,
　　148, 151, 156, 159
三重盲検　117
シークリスト，ホレス（Horace Secrist）
　　85, 86
シェクマン，ランディ（Randy Schekman）
　　157, 158
ジェンバンク（GenBank）　130, 148
自己相関　42
事実の誇張　31-38, 71, 79, 80, 83, 88,
　　103, 142, 157
実験群　24, 26, 31, 39, 52, 70, 73, 85, 87,
　　117
実験動物　→　動物実験
実質的な重要性　10, 161
シミュレーション　27, 35, 87, 102, 113,
　　115, 117
『ジャーナル・オブ・アブノーマル・アン
　　ド・ソーシャル・サイコロジー』
　　（*Journal of Abnormal and Social
　　Psychology*）　26
『ジャーナル・オブ・ジ・アメリカン・ス
　　タティスティカル・アソシエーショ
　　ン』（*Journal of the American
　　Statistical Association*）　85
縮小　36, 37
主成分分析　45
腫瘍学オントロジープロジェクト　149
主要評価項目　24, 25, 147
勝者の呪い　→　事実の誇張
食品医薬品局（Food and Drug
　　Administration）　144, 146, 147
処置群　→　実験群
書類棚問題　→　公刊の偏り

シルスイキツツキ　42
腎結石　108
腎臓ガン　35, 36
シンプソン，エドワード・H（Edward H.
　　Simpson）　107
シンプソンのパラドックス（Simpson's
　　paradox）　106-110
信頼区間　1, 6, 14-17, 29, 30, 33, 36-38,
　　43, 55, 56, 60, 64, 70, 73-77, 93, 95, 116,
　　151, 156, 161
スイカ　100-104
スクリーニング　52, 53
スタチン　72, 73, 105
スティグラーの法則（Stigler's law）
　　107
スプレッドシート　124, 129, 130, 135
『スレイト』（*Slate*）　116
ゼリービーンズ　60-63
全国犯罪被害調査　58, 59
前進選択　103
前臨床　129
相関と因果　105, 106
測定誤差　22, 84, 102
ソルヴィクス　→　フィクシトルとソルヴィ
　　クス

■た　行
対照群　8, 24
耐性　122
タイセイヨウサケ　65, 66
対面調査　58, 59
対立仮説　13, 52
多重比較　2, 26, 43, 61, 64, 66, 77, 81-83,
　　89, 93, 102, 114, 120, 139, 142, 151, 152,
　　155, 161
たばこ　→　喫煙
探索的　79-81, 118, 119, 151
タンパク質構造データバンク　130, 133,
　　148

チキンナゲット　159
逐次分析　88, 89
中央値　12, 25, 96, 147
　　分割　93
超能力　6, 10, 11, 145, 146, 151
停止規則　86-89, 114, 140, 156, 162
データ共有　125, 132, 133, 155, 156
データに対する拷問　5, 119, 120
デジタルオブジェクト識別子　137, 163
デューク大学（Duke University）　122, 123
電話調査　57-59
「統計学における成果の包括的評価」（Comprehensive Assessment of Outcomes in Statistics）　155
統計教育　1, 2, 151, 152
『統計でウソをつく法』（How to Lie with Statistics）　1, 54
統計的検定 → 仮説検定
頭頸部ガン　143
統制　67, 96, 99, 100, 106, 112, 114, 115
統制群　26, 39, 70, 72, 73, 85-87
動物実験　25, 129, 144, 145, 148
トゥルースたばこ産業文書（Truth Tobacco Industry Documents）　55
登録された研究　89
どこでも効果　61
ドライアド（Dryad）　130, 137, 148
『トライアルズ』（Trials）　148
トリヴァース＝ウィラード仮説（Trivers-Willard Hypothesis）　33
トリグリセリド　106
トンプソン，ブルース（Bruce Thompson）　10

■な　行
二項分布　11
二重盲検　117
二度づけ　82

二分　92-97
『ニュー・イングランド・ジャーナル・オブ・メディシン』（New England Journal of Medicine）　3, 150
乳ガン　52-54, 93
ニューロン　80-82
『ネイチャー』（Nature）　15, 24, 32, 46, 121, 155-157
ネイマン，イェジ（Jerzy Neyman）　12, 13
ノーベル賞　ii, 157, 158
ノルディック・コクラン・センター（Nordic Cochrane Centre）　133
農場実験　42

■は　行
ハールバート，スチュアート（Stuart Hurlbert）　41
バイエル（Bayer）　129, 142
バイオメド・セントラル（BioMed Central）　157
バガリー，キース（Keith Baggerly）　122, 123
外れ値　112, 113, 115, 119
バッチ　43-45, 122
ハフ，ダレル（Darrel Huff）　1, 54-56
パラメータ推定での確信度　30
半可通の却下　viii, ix
反復測定検定　43
ピア・インストラクション　154, 155
ピアソン，エゴン（Egon Pearson）　12, 13
『ビジネスにおける平凡さの勝利』（The Triumph of Mediocrity in Business）　85
ヒッグス粒子　51, 61
否定的な結果　24, 25, 71, 123, 138, 142, 144, 148, 157
肥満　91, 92, 94, 105

美容液　71, 72
標準化テスト　34, 85, 99
標準誤差　74-77, 116
標準偏差　74-77
標本の大きさ　22, 25, 26, 30, 32, 37, 38, 40-42, 46, 87, 88, 115, 118, 139, 145, 155, 156, 161
ファイザー（Pfizer）　143
ファインマン，リチャード・フィリップス（Richard Phillips Feynman）　ii
フィグシェア（Figshare）　130, 137, 148
フィクシトル → フィクシトルとソルヴィクス
フィクシトルとソルヴィクス　23, 31, 32, 52, 70, 74-76, 86
フィッシャー，ロナルド・エイルマー（Ronald Aylmer Fisher）　ii, 12, 13
フェロモン　45-47
負の二項分布　11
ブラウンリー，K・A（K.A. Brownlee）　55, 56
フランシス，グレゴリー（Gregory Francis）　145, 146
『ブリティッシュ・ジャーナル・オブ・ダーマトロジー』（British Journal of Dermatology）　71
『プロス・バイオロジー』（PLOS Biology）　157
『プロス・ワン』（PLOS ONE）　138, 148, 157
プロトコル　88, 89, 118, 120, 138, 146-148, 156
プロプライエタリ　126, 135
分散分析　96, 97
米国予防医学作業部会（United States Preventive Services Task Force）　53
ベイズ情報量規準　103
ペニシリン　109, 110

ベム，ダロル（Daryl Bem）　145, 146
ベンジャミーニ＝ホッホベルク法（Benjamini-Hochberg procedure）　67, 68
舗装路肩　29
ポティ，アニル（Anil Potti）　123, 124
ホテリング，ハロルド（Harold Hotelling）　85, 86
ボンフェローニ法（Bonferroni correction method）　64, 66, 68, 77

■ま　行
マイクロアレイ　43, 44, 122, 123
マクリントック，マーサ（Martha McClintock）　46
マンモグラフィー　52-54
ミール，ポール（Paul Meehl）　3
メタ分析　72, 73, 93, 139, 143, 150, 151
メディアン → 中央値
メンタライジング　65
盲検分析　116, 117
モデル　2, 99, 103-105, 110, 160
モルトケ，ヘルムート・フォン（Helmuth von Moltke）　119

■や　行
有意差　7, 24, 86
有意水準　53, 56, 60, 87, 89
有意性　30, 102, 158
有意性検定 → 仮説検定
ユナイテッド航空とコンチネンタル航空のフライト　110
ユニットテスト　159
ヨアニディス，ジョン（John Ioannidis）　149
ヨット　96, 97

■ら　行
『ランセット』（Lancet）　138

ランダム化　39, 100
ランダム化比較試験　24, 39, 106, 110, 141, 150
ランダムな割り当て　108-110
力学概念指標　152, 154
倫理　25, 86, 110, 119, 145
倫理委員会　25, 118, 138
レガシーたばこ文書館（Legacy Tobacco Documents Library）　55
レディット → reddit
レボキセチン　143
連続的変数　97
ロスマン，ケネス（Kenneth Rothman）　16, 17
論文単位の評価指標　158, 159

訳者略歴
1985 年生まれ。東京大学大学院総合文化研究科言語情報科学専攻博士後期課程満期退学という履歴書の 1 行に書ける字数を軽く超える学歴を持ち、現在は履歴書に 1 行で書ける長さの都内の企業でテスト屋稼業に従事している。ことばと数と諧謔を愛し、個人ウェブサイト (http://fnshr.info/) でその愛を適宜披露している。

ダメな統計学　悲惨なほど完全なる手引書

2017 年 1 月 20 日　第 1 版第 1 刷発行

著　者　アレックス・ラインハート

訳　者　西　原　史　暁

発行者　井　村　寿　人

発行所　株式会社　勁草書房

112-0005 東京都文京区水道 2-1-1　振替 00150-2-175253
（編集）電話 03-3815-5277／FAX 03-3814-6968
（営業）電話 03-3814-6861／FAX 03-3814-6854
三秀舎・中永製本

© NISHIHARA Fumiaki　2017

ISBN978-4-326-50433-6　　Printed in Japan

〈(社)出版者著作権管理機構　委託出版物〉
本書の無断複写は著作権法上での例外を除き禁じられています。複写される場合は、そのつど事前に、(社)出版者著作権管理機構（電話 03-3513-6969, FAX 03-3513-6979, e-mail: info@jcopy.or.jp）の許諾を得てください。

＊落丁本・乱丁本はお取替いたします。

http://www.keisoshobo.co.jp

子安増生 編著
アカデミックナビ　心理学
2700 円

実吉綾子・前原吾朗
はじめよう実験心理学
　　MATLAB と Psychtoolbox を使って
2600 円

大久保街亜・岡田謙介
伝えるための心理統計
　　効果量・信頼区間・検定力
2800 円

岡本安晴
心理学データ分析と測定
　　データの見方と心の測り方
2800 円

熊田孝恒 編著
商品開発のための心理学
2500 円

森島泰則
なぜ外国語を身につけるのは難しいのか
　　「バイリンガルを科学する」言語心理学
2500 円

坂野　登
不安の力
　　不確かさに立ち向かうこころ
2700 円

村野井　均
子どもはテレビをどう見るか
　　テレビ理解の心理学
2500 円

河原純一郎・横澤一彦
シリーズ統合的認知①　注　意
　　選択と統合
3500 円

新美亮輔・上田彩子・横澤一彦
シリーズ統合的認知②　オブジェクト認知
　　統合された表象と理解
3500 円

――――勁草書房刊

＊表示価格は 2017 年 1 月現在。消費税は含まれておりません。